Der medizinischen Fakultät der Universität Göttingen
vorgelegt am 15. Juni 1919

Referent: Prof. Dr. Loewe
Korreferent: Prof. Dr. Heubner

Die Drucklegung ist seitens der Fakultät genehmigt

Additional material to this book can be downloaded from http://extras.springer.com

ISBN 978-3-662-42080-5   ISBN 978-3-662-42347-9 (eBook)
DOI 10.1007/978-3-662-42347-9

DEN MANEN MEINES ONKELS

EXZELLENZ ROBERT RIEDER PASCHA
PROF. DR. MED. IN BONN

GEWIDMET

Inhaltsverzeichnis.

Einleitung.
    Bisherige Erfahrungen über die resorptive Wirkung der Oxydationsmittel.
Experimenteller Teil.
  1. Benzoylsuperoxyd.
    Wirkungen an der Katze bei intravenöser Zufuhr. — Lungenödem.
  2. Acetylchloraminobenzol.
    Wirkung am Meerschweinchen nach percutaner Zufuhr. — Aortenschädigung.
  3. Chinon.
    Wirkung intravenöser und subcutaner, einmaliger und wiederholter Zufuhr an Kaninchen und Meerschweinchen. — Tödliche Dosis. — Lokale Ödemwirkung. — Lungenödem. — Arterionekrose.
  4. Hydrochinon.
    Kontrolle der Chinonwirkung durch intravenöse, subcutane und perorale Hydrochinonbehandlung am Kaninchen.
  5. Methylenblau.
    Wirkung intravenöser, subcutaner und peroraler, einmaliger und wiederholter Zufuhr an Kaninchen, Katze und Meerschweinchen. — Tödliche Dosis. — Lokale Ödemwirkung. — Lungenödem. — Arterionekrose. — Beziehungen zur Phenylendiaminwirkung.
  6. Chloraminwirkung am Kaninchen bei gleichzeitiger Atropinbehandlung.
    Verhütung des Lungenödems. — Verstärkung der Aortenschädigung.
  7. Mikroskopische Analyse der Aortenherde.
Zusammenfassung.
    Aortenschädigung und Lungenödem als Ausdruck einer einheitlichen resorptiven Wirkung der Oxydationsmittel. — Mechanismus der Aortenwirkung am Kaninchen. — Die verschiedene Empfindlichkeit der einzelnen Tierarten und ihre Bedeutung für die Anwendung der tierexperimentellen Erfahrungen auf die menschliche Gefäßpathologie. — Die Kombination von Atropin mit Oxydationsmitteln als Experimentalmethode für das Studium toxischer Gefäßschädigungen.
Schlußsätze.

Einleitung.

Der Gedanke, daß es resorptive Wirkungen chemischer Noxen gibt, die mit der Oxydationsleistung der angewandten Stoffe in Beziehung stehen, drängt sich aus einer Reihe von Untersuchungen auf, die in den letzten Jahren von Loewe und seinen Mitarbeitern angestellt wurden.

Das erste Glied in der Reihe dieser Untersuchungen bildet die Arbeit von Noltemeier, in der die Wirkungen disponiblen Chlors, also eines in vitro kräftig oxydierenden Agens studiert sind. Sie führt für diesen Stoff zu der Schlußfolgerung eines einheitlichen Komplexes resorptiver Wirkungen, dessen Komponenten Vaso- und Bronchokonstriktion, Lungenödem und Arterionekrose bilden. Die beiden von ihm studierten Vertreter der Chlorwirkung, das elementare Chlor selbst, angewandt in Form von Chlorwasser, und ein organischer, disponibles Chlor enthaltender Chlorträger, das Chloramin (Paratoluolsulfochloraminnatrium), waren nicht gleichwertig in ihrer Befähigung zur Erzeugung dieses resorptiven Symptomenkomplexes. Chloramin erwies sich als geeigneter zumal zur Erzeugung von Lungenödem und Aortenveränderung als Chlorwasser. In Gestalt von Chloramin war aber auch bereits an Substraten örtlicher Wirkung (Gelatinemodellen, Blütenblattschnitten) das Chlor stärker oxydativ wirksam als in Form des Chlorwassers. Das deutete schon bei diesen ersten Studien, die sich auf die Gruppe oxydativer Chlorträger beschränkten, auf die oxydative Leistungsfähigkeit als Grundlage der resorptiven Wirkung hin.

Den Zusammenhang zwischen den drei Komponenten dieses resorptiven Wirkungskomplexes klärte bis zu einem gewissen Grade Fieger auf, indem er die Wirkung dieser Stoffgruppe am überlebenden Gefäßpräparat studierte. Nach seinen Untersuchungen bildet die Gefäßmuskulatur den elektiven Angriffspunkt der geprüften Stoffe, deren Reihe von ihm bereits über den Rahmen der chlortragenden Oxydationsmittel hinaus vergrößert wurde. Er bezog auch Superoxyde und Chlorpikrin (Trichlornitromethan) in seine Untersuchungen ein. Sie alle, gleichgültig, ob in ihnen intermediär gebildetes Chlor oder ein chlorfreies Zwischenprodukt die oxydative Wirkung bedingt, riefen Vasokonstriktion hervor. Auf die Eigenart des Wirkungsmechanismus deuteten Beobachtungen irreversibler Gefäßwandschädigungen seiner Versuchsobjekte hin, die er in einzelnen Fällen erheben konnte.

Daß auch am ganzen Tier die Superoxyde und Chlorpikrin den gleichen Symptomenkomplex resorptiver Wirkungen hervorrufen können, wurde dann von Siebert und Müller gezeigt. Auch sie erzeugten Lungenödem und Medianekrose der Kaninchenaorta, und zwar gleichfalls proportional ihrer oxydativen Wirkungsfähigkeit auf örtlicher Einwirkung unterworfene Gewebsschnitte.

Aus allen diesen Untersuchungen ging hervor, daß, ebenso wie beim Chemiker die oxydative Leistungsfähigkeit der einzelnen Stoffe je nach dem Substrat wechselt, so auch für deren Oxydationsleistung bei lokaler und resorptiver Einwirkung auf belebte Organismen besondere Bedingungen aufzustellen sind. Bereits bei der örtlichen Einwirkung ist wichtig, daß das wirksame Molekül, ohne vorher abzureagieren, in die Zelle eindringt; bei den resorptiven Wirkungen tritt zu dieser Bedingung noch diejenige des Vordringungsvermögens bis zu dem Angriffspunkt in der Tiefe des Organismus.

Daß demnach der Zuführungsweg für das Zustandekommen resorptiver Wirkungen aller dieser reaktionsfähigen Stoffe nicht gleichgültig sein kann, hat sich im Verlauf dieser Serie von Untersuchungen vielfach ergeben. So ist Chloramin z. B. auch bei peroraler Zufuhr noch zu guter Aortenwirksamkeit befähigt, Chlorwasser dagegen vom Magendarmkanal aus bedeutend unsicherer in seiner resorptiven Wirkung als bei der unmittelbaren Einspritzung in die Vene. Gewisse besonders geeignete organische Träger disponiblen Chlors hinwiederum vermögen, wie neben einer größeren Zahl von unveröffentlichten Untersuchungen Loewes eine Versuchsreihe Müllers zeigt, sogar bei percutaner Anwendung noch überraschend schnell Mediaherde in der Kaninchenaorta hervorzurufen.

Für das im Verlauf dieser Untersuchungen studierte Lungenödem nach innerlicher Einverleibung von Oxydationsmitteln findet sich in der Literatur kein Analogon. Dagegen gibt es eine Reihe älterer, bekannter und wichtiger experimenteller Aortenveränderungen früherer Forscher, die bereits wegen ihrer histologischen Ähnlichkeit mit den hier erzeugten in Beziehung stehen.

Die von Josué entdeckte, von Erb näher studierte Adrenalinnekrose, die experimentelle Nicotinsklerose und die durch Aldehyde und Aldehydbildner hervorgerufenen Aortenveränderungen Oswald Loebs kennzeichnen die bemerkenswertesten Stadien in der Reihe der bisherigen Erkenntnisse auf dem Gebiete experimenteller irreversibler Gefäßschädigungen. Übereinstimmend deuten sie alle auf eine besondere Empfindlichkeit der Kaninchenaorta gegen chemische Noxen hin, denn bei anderen Tierarten ist die Erzeugung von Aortenveränderungen mit den gleichen Noxen wesentlich schwieriger. Das Wichtigste in dieser vergleichend pharmakologischen Frage hat Oswald Loeb geleistet, indem er zeigte, daß die verschiedenartige Reaktionsweise der Aorta verschiedener Tierarten nicht nur in quantitativen Empfindlichkeitsunterschieden, sondern auch in qualitativen Unterschieden im histologischen Bau der erzeugten Veränderungen hervortritt. Seine Forschungen führen zu dem Gesetze — das vor allem für die Frage nach den Beziehungen zwischen diesen experimentellen Aortenschädigungen und der Ursachenforschung in der menschlichen Gefäßpathologie bedeutsam ist —, daß die Aorta verschiedener Tierarten auf die gleiche chemische Schädigung entsprechend ihrer artverschiedenen anatomischen Struktur mit gänzlich verschiedenen pathologisch-histologischen Veränderungen antwortet. Die Brücke zwischen Loewes Arterienveränderungen und denjenigen jener früheren Untersucher zu schlagen gelingt mehr oder weniger leicht. Bei den vielen von Oswald Loeb studierten Stoffen ist mit großer Wahrscheinlichkeit stets die präformierte oder im Stoffwechsel entstehende Aldehydgruppe der Träger der Wirkung. War es zuvor zweifelhaft, ob deren oxydative oder reduktive Fähigkeit für die Gefäßwirkung anzuschuldigen sei, so reihen sich auf Grund der Erfahrungen Loewes diese gefäßwandschädigenden Stoffe Loebs, soweit ihre Aortenwirksamkeit ins Auge gefaßt wird, in die Gruppe der Oxydationsmittel ein. Die Frage der Nicotinsklerose hat zu wenig sicheren Boden, als daß sie in diesem Zusammenhang bereits herangezogen werden könnte. Dagegen läßt sich eine Beziehung zwischen den Oxydationsmitteln Loewes und dem von Josué und Erb studierten Adrenalin vor allem nach den Untersuchungen Fiegers in der gemeinsamen Eigenschaft der vasokonstriktorischen Wirksamkeit finden. Und vor allem in einem Punkte stimmen die hier berichteten Erfahrungen mit den Ergebnissen jener früheren experimentellen Gefäßwandpharmakologen überein: Auch die eingangs aufgezählten Oxydationsmittel rufen leicht die charakteristischen Medianekrosen der Kaninchenaorta hervor; dagegen ist es bisher nur einmal geglückt, an einer anderen Tierart (Katze) eine Aortenveränderung, und zwar gleichfalls mit einer von den Kaninchenveränderungen abweichenden Struktur und Lokalisation, nach ihrer Anwendung festzustellen (Müller).

Alle diese Erfahrungen eröffnen eingehenderer Forschung ein weites Feld. Tierart und Zuführungsweg, Angriffspunkt und Wirkungsmechanismus, die große Schar der bisher noch nicht untersuchten Oxydationsmittel und viele andere Einzelheiten bilden Ausgangspunkt für eine Fülle von noch ungelösten Einzelfragen. Ich habe daher gern Herrn Prof. Loewes Anregung aufgenommen, zu ihrer Beantwortung durch eigene Versuche beizutragen.

Experimenteller Teil.

1. Benzoylsuperoxyd.

Wirkung bei der Katze.

Die Erzeugung von Aortenveränderungen bei anderen Tierarten als dem besonders empfindlichen, jedoch stets mit primären Mediaveränderungen antwortenden Kaninchen setzte ich mir zum ersten Ziel meiner Untersuchungen. Ich versuchte diese Aufgabe zunächst mit solchen Oxydationsmitteln zu lösen, über welche am Kaninchen, zum Teil auch schon an anderen Tierarten bereits Erfahrungen gesammelt worden sind. Unter diesen bereits auf resorptive Wirkung geprüften Oxydantien griff ich zunächst das Benzoylsuperoxyd heraus, das sich Siebert am Kaninchen so gut bewährt hatte, und mit dem es Müller gelungen war, zum ersten Male im Verlauf dieser Untersuchungen an einer anderen Tierart einen Aortenherd zu setzen. Ich wandte mich der gleichen Tierart, der Katze, zu und versuchte, Einzeldosis und Zahl der Wiederholungen bei der intravenösen Behandlung höher zu treiben.

Intravenös.   Tabelle I.

Versuchs-Nr.	Tier-Nr.	Gewicht g	Gesamt-Dosis ccm	Gesamt-Dosis pro kg ccm	Höchste Einzel-Dosis pro kg ccm	Zahl der Injektionen	Durchschn.-Dosis pro Injektion und kg ccm	Behandlungs-dauer
35	225	2000	7	3,5	3,5	1	3.5	1 Min.
36	224	1500	7	4,7	4,7	1	4,7	überlebt
37	220	1930	33	17,0	17,0	1	17,0	12 Min.
38	219	1850	11	6,0	3,0	2	3,0	2 Tage
39	222	2900	18	6,2	3,5	2	3,1	4 „
40	223	2200	39	17,8	4,5	4	4,5	8 „
41	221	3500	40	11,2	3,0	4	3,0	8 „

Die irreversible Gefäßwandschädigung ist nach Müller an der Katze nur sehr unsicher hervorzurufen. Dagegen tritt nach seinen Untersuchungen das zweite resorptive Wirkungssymptom, das Lungenödem, bei der Katze nach Einverleibung dieses Superoxyde ebenso regelmäßig wie am Kaninchen auf. Nur in einem Punkte bedarf diese Seite der Superoxydwirkung weiterer Untersuchung. Alle Superoxyde schaffen eine Schwierigkeit bei der Beurteilung ihrer Lungenwirkungen nach intravenöser Einverleibung. Denn als einzige von den bisher studierten Oxydationsmitteln bedingen sie die Entstehung mehr oder weniger großer Mengen gasförmigen Sauerstoffes in der Blutbahn und damit die Gefahr einer Gasembolie im Lungenkreislauf. Deren schädliche Wirkung kann von doppelter Art sein: Besonders lebensbedrohend ist die Gefahr eines Versagens des rechten Herzens (vgl. z. B. Jehn und Nägeli). Daneben drohen aber stets auch größere oder kleinere Hämorrhagien, wie sie in der Tat auch von Siebert und Müller mitunter an der Lunge festgestellt wurden. Allerdings hat Müller bereits darauf hingewiesen, daß die von ihm beobachtete Gewichtsvermehrung seiner Katzenlungen nur zum geringsten Teil durch frische hämorrhagische Herde bedingt sein kann.

Bei der Auswahl der Versuchstiere legte ich, um mit der größeren Empfindlichkeit der herangewachsenen Tiere gegen die Aortenschädigung rechnen zu können, Wert darauf, halbwüchsige oder noch jüngere Tiere möglichst zu vermeiden. Die Einzelheiten der Versuchsanordnung gehen aus der nachfolgenden Tabelle I hervor. Zur Erläuterung des Versuchsverlaufs dient das Beispiel eines Versuchsprotokolls. Ich wähle hierzu dasjenige der Katze Nr. 222, weil sie sowohl die während des Lebens dargebotenen Erscheinungen der Benzoylsuperoxydwirkung als auch den Sektionsbefund in besonders charakteristischer Weise vor Augen führt.

Die Herstellung der zur Injektion dienenden Benzoylsuperoxydemulsionen erfolgte in der bereits von Siebert und Müller gehandhabten Weise durch Vermischen der gesättigten alkoholischen Lösungen mit Wasser. Die injektionsfertigen Lösungen weisen demnach eine Konzentration von höchstens 0,6 proz. Ben-

Benzoylsuperoxyd. Katze.

Versuchsdauer	Aorta	Besondere Bemerkungen	Lunge	Todesart
< 16 Std. überlebt	—	—	leichtes Ödem	spontan
12 Min.	—	nicht seziert]	—	—
			30 g pro kg; nur Ödem, keine Hämorrhagie	spontan
2½ Tage	„leicht verdächtig"	nicht geschnitten	Lungenödem	,,
4 Tage + 1,15 h	—	—	27 g pro kg; vesiculäres und perivasculäres Ödem	,,
8 Tage	—	—	10 g pro kg	,,
9	—	—	20 g pro kg	,,

zoylsuperoxyd auf, so daß die injizierten Einzeldosen meist bei ungefähr 1 mg aktiven Sauerstoffs liegen. Die Herstellungsart der Lösungen läßt es angebracht erscheinen, daß die Dosierungsangaben der Tabelle in Kubikzentimetern statt in Grammen erfolgen.

Versuchsbeispiel:

Katze Nr. 222, Gewicht 2900 g.

20. XI. 1918: 11,15^h a. m. 8 ccm gesättigter Benzoylsuperoxydlösung in die rechte Schenkelvene. Im Laufe der nächsten Stunden keine Besonderheiten, gut beweglich, prompte Aufmerksamkeit.

Am 23. XI. 1918: 5,10^h p. m. 10 ccm der gleichen Lösung intravenös (linke Unterschenkelvene). Liegt nach Beendigung der Injektion in Seitenlage im Käfig, erhöhte Atmungs- und Pulsfrequenz, reagiert aber auf Reize.

Unter zunehmender Atmung und Bewußtseinsstörung — 6,10^h Atmung bis 198 in der Minute, Erbrechen; 6,05^h sprunghafte Bewegungen; 6,15^h starkes Stöhnen, Urinabgang — stirbt das Tier 6,25^h; entleert wasserklare Flüssigkeit aus dem Maul.

Sektion: Lunge überlagert stark, weist nur eine Reihe marmorierter frischroter Flecke auf. Nierenmark tiefrot bis in die Papillen hinunter. Trachea entleert beim Aufschneiden Schaum.

Lunge: Gewicht 82 g = 27 g pro kg. An den Unterlappen sind die rotgefleckten Stellen beiderseits etwas vergrößert und verschwommen. Beim Auspressen entleert sich klare, fast farblose Flüssigkeit. Auch auf Querschnitten sieht man das perivasculäre Ödem stark hervortreten.

Lungenhilus zeigt gleichfalls perivasculäres Ödem.

Herz weit und schlaff. Im Herzen keine Gerinnsel; dagegen subendokardiale Blutungen und ein endokardialer Herd in der linken Kammer von etwa 3 mm Ausdehnung, von ziemlich gleichmäßiger Form und blasenartiger, glasiger Beschaffenheit. Ein in der Gegend dieses Herdes verlaufendes Gefäß endet an dessen Rande mit einer feinen Blutung. Im übrigen sind eigentlich verdächtige Stellen an der Aorta nicht zu finden. Auffällige Verdickung unter der lateralen Klappe.

Versuchsergebnisse.

Alle Tiere, auch das nicht zur Sektion gekommene Tier Nr. 224, zeigten bereits intra vitam wie die Katzen Müllers die Erscheinungen des Lungenödems. Die Vermehrung des Lungengewichts kann bereits nach kurzer Zeit sehr beträchtlich sein und nahezu 400% binnen zwölf Minuten betragen. Daß diese Gewichtsvermehrung nicht durch hämorrhagische Erscheinungen bedingt ist, geht aus den Einzelheiten des Sektionsbefundes meiner Katzen ganz besonders deutlich hervor. Makroskopisch erkennbare Hämorrhagien fehlten vollständig bei dem Tier mit der höchsten Lungengewichtsvermehrung (Nr. 220). Nr. 223 zeigte nur im rechten Unterlappen ganz diffuse, wenig ausgedehnte frische Blutungsherde; alle übrigen Lungenteile wiesen die charakteristische Violettfärbung der Ödemlunge, verschwommene Zeichnung und stellenweise glasigen Charakter auf. Die durchschnittene Lunge entleerte beim Auspressen klare und nahezu farblose Flüssigkeit. Sowohl in der Hilusgegend wie im Durchschnitt ließ sich zudem das völlig ungefärbte perivasculäre Ödem erkennen. Noch unbedeutender waren die hämorrhagischen Erscheinungen bei Nr. 221, dem einzigen Tier, das neben Nr. 223 überhaupt noch solche aufwies. Hier lagen nur winzige punktförmige Hämorrhagien vor, die, wenn auch ziemlich reichlich ausgesät, doch an der Gewichtsvermehrung von 250% nicht beteiligt sein können. Alle Tiere entleerten aus Mund und Nase zum mindesten kurz vor Eintritt des Todes klare, schaumige und nahezu farblose Flüssigkeit.

Als Ergebnis dieser Versuchsreihe ist also zu verzeichnen, daß zwar die Erzeugung von Aortenherden bei der Katze auch mir in bis zu viermal wiederholter Behandlung mit intravenösen Benzoylsuperoxydinjektionen nicht gelungen ist, daß aber die resorptive Wirkung des Lungenödems durch meine Versuche sichergestellt wird.

Als Nebenbefund zeigen meine Versuche die Empfindlichkeitsunterschiede, die bei der Katze auch nach intravenöser Behandlung gegenüber lungenödemisierenden Einwirkungen bestehen. Die Bedeutung des Lebensalters tritt hierbei nicht deutlich hervor.

2. Acetylchloraminobenzol.

Wirkung percutaner Zufuhr beim Meerschweinchen.

Nachdem ich bei der Absicht, die Aortenwirksamkeit der Oxydationsmittel auch an anderen Tierarten als dem Kaninchen zu verwirklichen, mit der intravenösen Anwendung von Benzoylsuperoxyd an der Katze wenig glücklich gewesen war, wandte ich mich einer zweiten, gleichfalls aussichtsreich erscheinenden Methode der chronischen Beeinflussung mit Oxydationsmitteln zu, nämlich der Hautbehandlung mit ausgewählten Chlorträgern.

Über die überraschende Wirksamkeit dieses Verfahrens an der Kaninchenaorta liegen in Form größerer, noch unveröffentlichter Versuchsreihen Loewes, sowie der von Müller veröffentlichten Versuche bereits hinreichende Erfahrungen vor. In Vorversuchen Loewes hatte sich die Katze nicht als ein für derartige Salbungsversuche geeignetes Versuchstier erwiesen. Daher wählte ich das Meerschweinchen.

Es ist bisher meines Wissens zu Versuchen, die sich auf die experimentelle Pathologie der Aortenwand beziehen, noch nicht herangezogen worden. Bereits die normale Histologie der Meerschweinchenaorta hat bisher, soweit ich in Erfahrung bringen konnte, keinen Untersucher gefunden. Und schließlich bedeutet auch das Fehlen einer Sektionsstatistik ihrer Spontanveränderungen einen Nachteil gegenüber der Katze[1]).

Demgegenüber bedeutet die leichte Zugänglichkeit und insbesondere die Hautbeschaffenheit dieser Tierart einen Vorteil für derartige Salbungsversuche. Während die zartere Kaninchenhaut unter dem Einfluß der Salbung mit Chlorträgern schnell eine tiefgreifende und für das Allgemeinbefinden der Tiere sicherlich nicht gleichgültige Veränderung erfährt, ist die Meerschweinchenhaut widerstandsfähiger und leidet, zumal wenn sie bei den Enthaarungsmaßnahmen von Rhagaden oder tief-

---
[1]) Vgl. die näheren Angaben bei Müller, l. c. S. 169 bzw. 209.

greifenden Beschädigungen verschont bleibt, auch unter lange und täglich wiederholter Behandlung selbst des ganzen enthaarten Rückens nicht merklich. Die Versuche Loewes und Müllers am Kaninchen haben auch eine gewisse Klarheit darüber geschaffen, welche Oxydationsmittel zur resorptiven Wirkung von der intakten Haut her am geeignetsten sind. Die Peroxyde scheinen von vornherein bei diesem Zuführungsweg nicht besonders aussichtsreich. Unter den Trägern disponiblen Chlors fanden sich diejenigen am wirksamsten, die in wässerigem Lösungsmittel nicht oder wenigstens nicht ohne schnelle Zersetzung, dagegen gut in organischen Lösungsmitteln löslich sind und somit auch in fetten Salbengrundlagen unter mindestens teilweiser Lösung zerteilt oder auch in Gestalt ihrer ätherischen Lösungen auf die Haut aufgepinselt werden können.

Ich wählte unter den von Loewe studierten organischen Chlorträgern das Acetylchloraminobenzol, also ein am Stickstoff durch abspaltbares Chlor substituiertes Acetanilid, als einen besonders gut ätherlöslichen und besonders langsam spaltbaren Träger disponiblen Chlors. Ich applizierte es durch Aufpinselung seiner 5 proz. ätherischen Lösung auf größere oder kleinere Partien des enthaarten Meerschweinchenrückens. Im einzelnen wurde so vorgegangen, daß die Pinselung jedesmal nach Verdunsten des Äthers noch 2—4mal wiederholt wurde. Über diese Versuchsserie gibt die folgende Tabelle II nähere Auskunft.

Versuchsergebnisse.

Die Allgemeinwirkung der Pinselungen, gemessen am Allgemeinbefinden der Versuchstiere und der tödlichen Wirkung, ist wesentlich schwächer als beim Kaninchen. In den Kaninchenversuchen mußten allein schon mit Rücksicht auf die Hauterscheinungen mehrtägige bis wochenlange Pausen eingeschoben werden. Demgegenüber konnte auch

Percutan. Tabelle II. Acetylchloraminobenzol. Meerschweinchen.

Versuchs-Nr.	Tier-Nr.	Anf.-Gewicht g	End- g	Art des Rückenanstrichs	Behandlungs-dauer Tage	Versuchs-dauer Tage	Aorta	Besondere Bemerkungen	Lungen-Gew. g pro kg	Todesart
44	A_2	760	—	3 × $^1/_3$ Rücken je 3mal	4	5	+	aber nicht geschnitten	—	spontan
45	A_3	550	—	5 × $^1/_2$,, ,, ,,	4	5	—	—	—	,,
46	A_1	720	—	6 × $^1/_3$,, ,, ,,	7	8	.	—	—	,,
47	A_4	650	620	7 × $^1/_2$,, ,, 3—5mal	8	9	+	2 Herde, 1. Aorta descendens, 2. Pes anserinus (1. Verdickung, 2. Intimawucherung)	—	,,
48	A_5	820	680	23 × $^1/_2$,, ,, 3mal	31	32	—	—	8,8	,,
49	A_6	610	470	19 × $^1/_2$,, ,, ,,	24	25	„leicht verdächtig"	nicht geschnitten	6	,,

in langdauernden Meerschweinchenversuchen der Anstrich täglich ohne merkliche Hautschädigung wiederholt werden. Auch das Allgemeinbefinden machte keine größeren Intervalle zwischen den einzelnen Wiederholungen des Anstrichs erforderlich und auch die tödliche Wirkung konnte länger hinausgezögert werden. Allerdings starben schließlich auch die Meerschweinchen früher oder später unter der Behandlung, und zwar unter den gleichen uncharakteristischen Erscheinungen, die bereits für das Kaninchen beschrieben worden sind.

Der Umfang der behandelten Hautstelle ist, soweit meine 6 Versuche ein Urteil zulassen, nicht von ausschlaggebender Bedeutung für den Eintritt der tödlichen Wirkung. Auch Tiere, bei denen nur ein Drittel des enthaarten Rückensattels der Behandlung unterzogen wurde, starben zuweilen bereits nach der vierten bzw. siebenten Wiederholung des Anstrichs, während Tiere, bei denen die Hälfte des Rückens in den Anstrich einbezogen wurde, zum Teil erst nach der 19. ja sogar 23. Wiederholung zugrunde gingen.

Der schädliche Einfluß der Percutanbehandlung, der außer in der tödlichen Wirkung auch in den Gewichtsabnahmen (bis zu 23% in einem Monat) zum Ausdruck kommt, ist jedenfalls nicht durch die bei intravenöser Applikation der Oxydationsmittel hervortretende Lungenwirkung bedingt. Ebensowenig wie die von Loewe und Müller hautbehandelten Kaninchen läßt eines meiner Meerschweinchen eine Gewichtszunahme der Lunge beobachten, welche zu der Diagnose Lungenödem berechtigte.

Die Hoffnung, durch möglichst lange wiederholte Hautbehandlung zu einer sicheren Aortenwirkung zu gelangen, erweist sich nach den Ergebnissen dieser Serie als unberechtigt. Die beiden am längsten behandelten Tiere ließen keine irgend verwertbare Aortenveränderung erkennen. (Ich führe einige mit bloßem Auge auffällige Anomalien in diesen Tabellen unter Bezeichnungen wie „verdächtig" oder „leicht verdächtig" an, möchte sie aber vor genauer histologischer Untersuchung unberücksichtigt lassen.) Auch den beiden einwandfreien Aortenanomalien der Tiere A 2 und A 4 gegenüber muß Zurückhaltung geübt werden. Die Veränderungen, die hier gefunden wurden, wichen, entsprechend dem wesentlich andersartigen makroskopischen und mikroskopischen Aussehen der Meerschweinchenaorta, schon bei der Betrachtung mit bloßem Auge von den Medianekrosen des Kaninchens, so sehr auch bereits das makroskopische Aussehen der Kaninchenherde verschiedener Entwicklungsstadien wechselt, sehr beträchtlich ab.

Auch die normale Meerschweinchenaorta zeigt keine glatte, zarte und spiegelnde Innenseite, wie die Kaninchenaorta. Sie ist im Verhältnis zu ihrem Umfang wesentlich dickwandiger und zieht sich nach dem Aufschneiden kräftiger zusammen. Daher weist ihre Innenseite tiefe Runzeln zwischen stärkeren, gewöhnlich längs gestellten Wülsten auf. Die Lichtbrechung ist anders; statt der durchscheinenden Innenfläche der Kaninchenaorta ein mehr weißes, undurchsichtigeres Aussehen. Von diesem Untergrund hoben sich nun die beobachteten Herde wesentlich weniger scharf umgrenzt ab. Sie waren zwar stärker erhaben als die Kaninchenherde, aber schon nach Aussehen, Farbe und Lichtbrechungsvermögen nicht so grundsätzlich verschieden von der Umgebung wie etwa die blasigen oder verkalkten Gebilde der Kaninchenaorta. Unter den oben vorausgeschickten Vorbehalten sollen die beiden Aortenveränderungen der Tabelle II als positiver Befund verzeichnet werden; ihre nähere Beschreibung und Bewertung muß dem histologischen Abschnitt dieser Mitteilung vorbehalten bleiben.

3. Chinon.

Mit dem Chinon begann ich mein Thema in einer zweiten Richtung zu verfolgen. Es galt zu prüfen, inwieweit auch noch andere, zu oxydativer Leistung befähigte Stoffe den aufgedeckten Komplex resorptiver Wirkungen aufweisen, und so zu versuchen, die einheitliche Abhängigkeit des Symptomenkomplexes von dieser chemischen Gemeinsamkeit zu kontrollieren.

Chinon schien für diesen Zweck sehr naheliegend. An seiner chemischen Befähigung zu kräftiger oxydativer Wirkung ist kein Zweifel. Daß es sie auch an biologischem Substrat entfaltet, zeigen die wenigen Untersuchungen, die die bisherige biologische Literatur über diesen Stoff aufweist. Ihre geringe Zahl erinnert unwillkürlich an die analogen Verhältnisse beim Chlor, auf die Noltemeier hingewiesen hat. Starke chemische Reaktionsfähigkeit eines Stoffes ist offenbar keine Ermunterung, seine resorptiven Wirkungen zu studieren.

Und doch sind gerade die wenigen früheren Untersuchungen über das Chinon geeignet, bereits gemeinsame Züge mit dem Wirkungsbild der eingangs erwähnten Oxydationsmittel erkennen zu lassen. Das gilt schon von der lokalen Wirkung. Brissemoret hat die örtliche Wirkung einer Reihe pflanzlicher Chinone, darunter vor allem diejenige des Naphthochinonalkohols Juglon aus Juglans regia zusammen mit derjenigen von Chinon selbst, Thymochinon und Naphthochinon untersucht und kommt für alle diese Stoffe, deren Oxydationsleistung er durch besonders enge Anknüpfung an die Superoxydformel der Chinone (vgl. z. B. Henrich S. 330) hervorhebt, zu einem einheitlichen und eigenartigen Typus der „dermerethistischen" Wirkung. Blasenbildung, leichtes Ödem, Verdickung und Hypertrophie der Epidermis, die sich in dicke Furchen („larges sillons") legt, nach etwa 8 Tagen „Exfoliation" der Epidermis sind ihm hervorstechende Besonderheiten ihrer örtlichen Wirkung. Er faßt sie in nicht recht einleuchtender Weise als „keratolytische" auf; wesentlicher ist, daß auch in seinen Beobachtungen bereits eine besonders enge Beziehung zur Gefäßwand angedeutet ist und Symptome hervortreten, die bereits Loewe veranlaßten, die örtliche Wirkung organischer salbenfähiger Chlorträger an der Kaninchenhaut als besonders elektive aufzufassen. Weniger Bedeutung ist der örtlichen Reizwirkung am Magendarmkanal zuzuschreiben, die Brissemoret und Combes nach Juglondarreichung per os beim Hunde in Gestalt von Erbrechen,

Enteritis und Koliken feststellten. Dagegen machte Otto Schulz unter Nasse für unsere Fragestellung wichtige Beobachtungen über die innerliche Wirkung von Chinon, als er dieses intravenös verabreichte. Bereits seine Feststellungen über die örtliche Wirkung des Chinons sind in mancher Hinsicht noch wertvoller als diejenigen von Brissemoret. Die lokale Beeinflussung der Gefäßwand im Sinne der Durchlässigkeit für Ödemflüssigkeit, zuweilen aber auch für rote Blutkörperchen, tritt in seinen Subcutanversuchen am Frosch stark hervor. Nach Einspritzung von etwa 6 mg Chinon in einen der Lymphsäcke trat ein allgemeines, oft sehr ausgedehntes und zuweilen blutig verfärbtes Hautödem auf, das durch seine Hartnäckigkeit (bis über 6 Tage Dauer) auffiel. Nach intravenöser Einverleibung am Säugetier vollends trat ein Symptom auf, das mir diese Substanz besonders aussichtsreich erscheinen lassen mußte. Alle diejenigen seiner Kaninchen, die zur Sektion kamen, hatten Lungenödem. Die sonstigen Symptome dieser resorptiven Chinonwirkung deuten gleichfalls zum Teil auf eine Ähnlichkeit mit den von Loewe beobachteten resorptiven Chlorwirkungen hin. Auch bei Schulz trat nicht so sehr die Methämoglobinbildung hervor, die man wohl zunächst im Mittelpunkt des Wirkungsbildes vermutet haben würde und die Heubner näher studiert hat. Vielmehr traten außer zentralen Erregungserscheinungen auch solche von seiten des Magendarmkanals hervor (Erbrechen und ,,unverdaute Wiederausscheidung der Speisen im Kot" beim Hunde). Sie scheinen in Analogie mit den Erregungserscheinungen der Darmmuskulatur zu stehen, die sich nach Loewes Beobachtungen häufig nach intravenöser Anwendung der Chlorträger einstellen.

Ich habe teils ein Mercksches, teils ein Kahlbaumsches Präparat in 1 proz. wässeriger Lösung verwendet, am Meerschweinchen subcutan, am Kaninchen auch intravenös. Die folgenden Tabellen III und IV sowie die Versuchsbeispiele der Kaninchen Nr. 165 und 157 legen über die Einzelheiten der Versuchsanordnung und des Versuchsverlaufs Rechenschaft ab.

Versuchsbeispiele:
Kaninchen 165.
Anfangsgewicht 2100 g, erhält vom 30. XI. bis zum 11. XII. 1918 täglich 5 ccm 1 proz. Chinonlösung subcutan.

Entleert öfter wenige Minuten später abnorm kleingeformten Stuhl.
13. XII. durch Nackenstich getötet. Körpergewicht lebend 1950 g.
Sektion (sofort): In der Bauchhöhle, in den Pleurahöhlen und im Herzbeutel reichlich farblose Flüssigkeit. Im Dickdarm wenig geformter Stuhl.
Niere: Blutarm, feuchtglänzend, mit sehr scharfer Zeichnung.
Leber: Ziemlich blaß.
Nirgends Psorospermien in der Bauchhöhle. Die ganze äußere Bauchhaut ödematös, nach dem Rücken zu schwärzlich-braun verfärbt; Verklebungen mit den gleichfalls dunkelbraun verfärbten Muskeln. Ödem erstreckt sich zum Teil bis in die Gegend der Fußgelenke.
Aorta überall spiegelnd glatt, mit Ausnahme des mittleren Teiles der Brustaorta. Unmittelbar über dem Zwerchfelldurchtritt ist ein langgestreckter, weißer Herd (1,2 : 4 mm), über welchem die Intima scheinbar intakt spiegelt.
Lunge: Im rechten Oberlappen circumscripte Herde von etwas glasigem Aussehen und rötlich violetter Farbe, nicht frisch hämorrhagisch aussehend. Gewicht: 8 g = 4 g pro kg.
Kaninchen 157.
Erhält vom 31. I. bis zum 19. II. 1919 täglich 5 ccm Chinon 1 proz. subcutan.

Intravenös. Tabelle III.

Versuchs-Nr.	Tier-Nr.	Anf.-Gewicht g	End-Gewicht g	Gesamt-Dosis g	Gesamt-Dosis pro kg g	Höchste Einzel-Dosis pro kg g	Zahl der Injekt.	Durchschn.-Dosis pro Injekt. und kg g	Behand-lungs-dauer	Versuchs-dauer Tage
1	166	960	—	0,02	0,021	0,021	1	0,021	1 Min.	1
2	164	1950	—	0,15	0,077	0,015	5	0,015	6 Tage	6
Subcutan.										
3	165	2100	1950	0,5	0,26	0,026	10	0,026	11 „	13
4	157	2230	1500	0,65	0,433	0,033	13	0,033	19 „	38
Intravenös und subcutan.										
5	172	1300	1330	iv. 0,02 subc. 0,60 0,62	0,015 0,48	0,0076 0,038	2 12	0,076 0,038	2 „ 17 „	21 18

Subcutan. Tabelle IV.

Versuchs-Nr.	Tier-Nr.	Anf.-Gewicht g	End-Gewicht g	Gesamt-Dosis g	Gesamt-Dosis pro kg g	Höchste Einzel-Dosis pro kg g	Zahl der Injekt.	Durchschn.-Dosis pro Injekt. und kg g	Behand-lungs-dauer Tage	Versuchs-dauer Tage
7	C_3	510	340	0,104	0,21	0,026	8	0,026	9	45
8	C_4	700	500	0,144	0,20	0,025	8	0,025	9	12
9	C_2	390	300	0,081	0,21	0,023	9	0,023	10	21
10	C_1	480	510	0,108	0,22	0,024	9	0,024	10	$12^1/_2$

Körpergewicht: 31. I. 2230 g
28. II. 2100 g
19. II. 1850 g
24. II. 1730 g
26. II. 1660 g
28. II. 1570 g
3. III. 1540 g
7. III. 1540 g
10. III. 1510 g

Im Anschluß an die Einspritzung gehäufte Entleerungen häufig abnorm kleingeformten Kotes; zeitweise Enteritis.

In der Bauchhaut großer Absceß, der ausgehend von der Inguinalgegend bis zur Mitte des Bauches reicht.

Chinon. Kaninchen.

Aorta	Besondere Bemerkungen	Lunge	Todesart
—	—	—	spontan
+	2 Herde vom Muscularistyp in der Brustaorta. Beide Ohren, Unterhautzellgewebe, Halsmuskulatur bis zur oberen Thoraxapertur, Thymus ödematös. Enteritis.	6,5 g pro kg	,,
+	Langer Herd vom Muscularistyp (Kernschwund bei wenig deformierter Elastica) in der Thoracica. Bauch- und Beinödem, Abscesse der ganzen Körperoberfläche. In Bauch-, Pleurahöhle und Herzbeutel reichlich klare Flüssigkeit.	4,0 g pro kg	
—	Nicht geschnitten. Bauchhautabscesse.	4,7 g pro kg	getötet ,,
,,leicht verdächtig"	Aorta nicht geschnitten.. Ödem der Bauchhaut, der Brust- und Halsmuskulatur, Pectorales glasige Massen. Perivasculäres Lungenödem (?). Pleura- und Peritonealhöhle enthalten etwas Flüssigkeit.		spontan

Chinon. Meerschweinchen.

Aorta	Besondere Bemerkungen	Lunge	Todesart
+	Langer multipler Herd des Abdominalis. Enteritis.	4 g pro kg	spontan
,,verdächtig"	Nicht geschnitten. Große Ödeme bis in die Schenkelbeugen. Im Herzbeutel etwas klare Flüssigkeit. Enteritis.	—	,,
—	Absceß auf dem Rücken.	—	getötet
+	Verdickung im Arcus. Absceß auf dem Rücken.	—·	,,

Tier durch Nackenstich getötet, sofort seziert.
Sektionsprotokoll: Die ganze Körperoberfläche, besonders der Rücken, aber auch die Bauchhaut mit eitrigen Abscessen bedeckt, in deren Umgebung Haut und Fascie miteinander verwachsen sind.
Lunge gleichmäßig bräunlich lila; an einzelnen Stellen weißliche Flecke. Lungengewicht 7 g = 4,7 pro kg.
Aorta überall spiegelnd und glatt.

Versuchsergebnisse.

Aus Schulz' Protokollen läßt sich die tödliche Grenzdosis des

Chinons bei intravenöser Zuführung für das Kaninchen auf etwa 0,015 g pro kg, für den Hund auf höchstens 0,025 g pro kg berechnen. Dem entsprechen ungefähr die Ergebnisse meiner Versuche; nach ihnen liegt bei intravenöser Darreichung die tödliche Dosis für das Kaninchen zwischen 0,015 und 0,021 g pro kg. Für den subcutanen Zuführungsweg ist die tödliche Dosis, soweit meine Versuche einen Schluß zulassen, ungefähr 2—3 mal höher. Am Meerschweinchen, das nur subcutan behandelt wurde, dürften die Dosierungsverhältnisse nicht wesentlich verschieden sein, auch bei ihm führten, ähnlich wie bei den subcutan behandelten Kaninchen, Gaben von 0,023—0,026 g pro kg nach längerer oder kürzerer Wiederholung zum Tode.

Die Allgemeinerscheinungen waren intra vitam weder beim Kaninchen noch beim Meerschweinchen besonders charakteristische. Nach intravenöser Zufuhr wurden zentrale Erregungserscheinungen nur in geringem Umfang beobachtet. Deutlicher und beachtenswerter sind die spastischen und enteritischen Erscheinungen von seiten des Darmkanals. Sie wurden sowohl bei der intravenösen wie bei der subcutanen Darreichung beobachtet. Wenn zum mindesten die Darmspasmen nach subcutaner Zufuhr als Folge der starken örtlichen Reizwirkung aufgefaßt werden können, so stellen sich die Darmwirkungen doch bei ihrem Auftreten am intravenös behandelten Tier als Allgemeinwirkungen in Analogie mit den Beobachtungen von Schulz dar.

Neben diese wenig hervortretenden Allgemeinsymptome intra vitam tritt nun die Bestätigung des von Schulz beobachteten Lungenödems aus dem Sektionsbefund. Allerdings kann hierbei nur einer meiner Fälle herangezogen werden, da alle übrigen Tiere nicht im unmittelbaren Anschluß an die Behandlung, sondern erst mehrere oder viele Tage später zur Sektion kamen, so daß in allen diesen Fällen Zeit genug blieb, um ein etwaiges Lungenödem sich wieder zurückbilden zu lassen. Auch in dem einen innerhalb 24 Stunden nach der Injektion zur Sektion gekommenen Falle blieb das Lungenödem hinter dem mit Chlorträgern und Superoxyden erzeugbaren bedeutend zurück. Immerhin handelt es sich bei dem Lungengewicht von 6,5 g pro kg des Kaninchens Nr. 164 um eine Vermehrung um annähernd 100%, die also keineswegs vernachlässigt werden darf.

Neben den bisher erörterten Allgemeinerscheinungen wurde nun bei allen mit Chinon behandelten Tieren, Meerschweinchen sowohl wie Kaninchen, eine starke Ödemwirkung beobachtet. Trotz der großen Ausdehnung dieser Ödeme — sie reichten bei manchen Tieren bis in die Schenkelbeugen hinunter — scheint es nicht angängig, sie als resorptive Wirkung aufzufassen. Denn ein Zusammenhang mit der Injektionsstelle ist in keinem der Fälle, weder nach subcutaner noch auch nach intravenöser Zufuhr, auszuschließen, wiewohl der Bereich der Injektionsstelle durch diese Ödemreaktion des Unterhautzellgewebes ganz außerordentlich ausgedehnt wird. Denn die örtlichen Wirkungen des Chinons sind eben außerordentlich stark. Auch nach schonender intravenöser Behandlung traten, ausgehend von der behandelten Vene, schwere Veränderungen auf. Die Ohren der gespritzten Kaninchen wurden heiß und schwollen an, ihre Venen, und zwar immer in erster Reihe die zur Einspritzung benutzten und die damit kommunizierenden, blieben prall gefüllt und thrombosierten, und in allen Fällen, in denen die Tiere lange genug am Leben blieben, kamen die Ohren allmählich zur Nekrose und fielen ab. Ganz analog verliefen auch die Subcutaneinspritzungen. Sie führten fast stets zu schweren und schlecht heilenden Abscessen, in deren Umgebung sich die Haut häufig auf ihrer Unterlage fixiert fand.

Mit diesen langwierigen örtlichen Erscheinungen sind wohl auch die schweren Gewichtsabnahmen (bis zu 32%) in Zusammenhang zu bringen, bei denen darum auch nicht auf eine allgemeine Stoffwechselwirkung geschlossen werden kann. Doch ist es auch nicht zulässig, die im folgenden zu beschreibende Hauptwirkung, die Aortenschädigung, aus dieser Inanition als eine nur mittelbare Chinonwirkung zu erklären. Denn gerade bei den Kaninchen, welche Aortenherde aufwiesen, war die Behandlungsdauer verhältnismäßig kurz, die Gewichtsabnahme gering, und unter den Meerschweinchen mit Aortenveränderungen findet sich sogar eines, dessen Gewicht im Verlauf des 12 tägigen Versuchs trotz dauernder Chinondarreichung zugenommen hat.

Die Aortenveränderung kam am Kaninchen in je einem Versuch mit intravenöser bzw. subcutaner Zufuhr zur Beobachtung. In beiden Fällen handelt es sich um große Herde, die bereits bei der Betrachtung mit bloßem Auge sehr augenfällig waren. Schon makroskopisch zeigten sie gegenüber den im allgemeinen nach Anwendung der übrigen Oxydationsmittel beobachteten Kaninchenherden einige Besonderheiten. Sie bedingten keinen besonderen Niveauunterschied an der Intimalseite der Aorta; deren Innenwand war über ihnen auffallend intakt und verhältnismäßig glatt; die Herde waren hiernach in geringerer Nähe zur Intima zu vermuten. Sie gaben sich nur als weißlich veränderte, optisch inhomogenere Stellen von unregelmäßiger Beschaffenheit, stellenweise von träubchen- oder körnerartiger Anordnung zu erkennen. Die Veränderungen, die auf intravenösem Wege (Kaninchen Nr. 164) erzeugt worden sind, stimmen mit denen nach subcutaner Zufuhr (Kaninchen Nr. 165) ausgezeichnet überein; das gibt bei der Besonderheit schon ihrer mit bloßem Auge erkennbaren Einzelheiten um so mehr Berechtigung, ein zufälliges Zusammenfallen von Chinonbehandlung und Aortenveränderung auszuschließen.

Die nähere Beschreibung, die auf Grund der histologischen Analyse im letzten Abschnitt des experimentellen Teils gegeben werden wird, gibt dieser Schlußfolgerung noch weitere Unterlagen. Demgegenüber fällt wenig ins Gewicht, daß ein Zusammenhang zwischen der Häufigkeit der Behandlung und ihrem Erfolg nicht in beiden Fällen zum Ausdruck kommt. Die Ergebnisse der intravenös behandelten Kaninchenserie deuten zwar auf eine solche Beziehung hin. Dagegen hat unter den subcutan behandelten Tieren gerade das mit Aortenveränderungen zur Sektion gekommene Kaninchen Nr. 165 die geringste Zahl von Wiederholungen, die niedrigste Durchschnitts- und Maximaldosis aufzuweisen. Daß das Tier Nr. 172 trotz höherer Einzel- und Gesamtdosis keine Veränderungen aufweist, könnte vielleicht damit in Zusammenhang gebracht werden, daß es jünger und damit unempfindlicher gegen Aortenschädigungen war. Für Tier Nr. 157 hingegen, das dem Kaninchen Nr. 165 mindestens gleichaltrig war, ist eine solche Erklärung nicht möglich.

Für einen Erklärungsversuch wäre hier höchstens der Unterschied in der Dauer der Nachperiode nach Beendigung der Behandlungsperiode heranzuziehen. Tier Nr. 165 kam ebenso wie auch das intravenös behandelte Tier Nr. 164 am Tage nach Beendigung der Behandlung zur Sektion; Tier Nr. 157 hat dagegen nach Abschluß der Behandlung bis zu seiner Schlachtung noch 19 Tage weiter gelebt. Man könnte nun von der allerdings unbewiesenen Voraussetzung ausgehen, daß auch dieses intensiver behandelte Tier Aortenschädigungen erfahren hat. In diesem Falle müßte man ihr Fehlen auf dem Sektionstisch als Zeichen ihrer Reversibilität ansehen. Wofern überhaupt eine Rückbildung möglich ist, stand ja hier eine hinreichend lange Nachperiode für deren Zustandekommen zur Verfügung. Die histologischen Erscheinungen der beiden bei der Sektion vorgefundenen Chinonherde lassen allerdings die Möglichkeit einer solchen Restitutio ad-integrum wenig glaubhaft erscheinen.

Am Meerschweinchen wurden Aortenveränderungen nach Chinon in 2 von 4 Fällen beobachtet. Der dritte, als „verdächtig" bezeichnete Fall soll hier, da er bisher nicht histologisch verfolgt wurde, nicht in Anrechnung gebracht werden. Die beiden Fälle C_3 und C_1 deuten eher als die Kaninchenherde auf einen Zusammenhang zwischen Behandlungsintensität und Aortenwirkung hin; es war jeweils die höhere Durchschnittsdosis (verglichen mit C_4 bzw. C_2), die nach 9 bzw. 8 maliger Behandlung zur Aortenveränderung führte. Die makroskopischen Erscheinungen zeigten große Ähnlichkeit mit denjenigen, die nach Anstrichbehandlung mit Acetylchloraminobenzol (vgl. S. 9) beobachtet wurden.

4. Hydrochinon.

Hydrochinonversuche drängen sich zunächst mit Selbstverständlichkeit auf, wenn man den Schluß bestätigt sehen will, daß die resorptive Chinonwirkung in der Tat mit der Eigenschaft des Chinons als Oxydationsmittel in Beziehung gesetzt werden darf. Denn Hydrochinon stellt ja das Sekundärprodukt dar, als welches das Chinon im

Organismus kreist, sobald es seinem oxydativen Reaktionsbestreben Genüge geleistet hat.

Aber an dieser Selbstverständlichkeit ist doch eine Einschränkung erforderlich. Allerdings ist das Hydrochinon, wie aus der folgenden tabellarischen Zusammenstellung einiger Literaturangaben hervorgeht, weit ungiftiger als das Chinon:

Tierart	Zuführungsweg	g pro kg	Wirkung	Autor
Hund.......	intravenös	0,08	stirbt	Gibbs u. Hare
Hund.......	subcutan	0,10	überlebt	Heubner
Katze.......	subcutan	0,05	stirbt	Heubner
Kaninchen	subcutan	0,10	überlebt	Heubner

Alle diese Zahlen übertreffen die im vorigen Abschnitt ermittelten tödlichen Chinongaben um ein Mehrfaches. Aber der Unterschied zwischen beiden Körpern ist, wie Heubner im Hinblick auf einen oxydativen Teileffekt des Chinons, die Methämoglobinbildung, auseinandersetzt, kein qualitativer, sondern nur ein quantitativer. Denn Hydrochinon kann bei Anwesenheit von Sauerstoff in Chinon übergehen und dann dessen Oxydationsleistung entfalten. Eine solche Oxydation des Hydrochinons zum Chinon ist wohl auch im Tierkörper möglich; Heubner z. B. erscheint es „weder unmöglich noch unwahrscheinlich", daß bereits das Oxyhämoglobin diesen Vorgang beschleunigt.

Diese Einschränkung fällt indes für meine Absicht nur insoweit ins Gewicht, als ein positiver Versuchsausfall demnach keinen Gegenbeweis gegen den oxydativen Mechanismus der Chinonwirkung bilden würde.

Das Ergebnis meiner am Kaninchen bei subcutaner, intravenöser und peroraler Zufuhr unternommenen Versuche geht aus der Tabelle V und aus dem Versuchsbeispiel des Kaninchens Nr. 178 hervor.

Versuchsbeispiel:

Kaninchen 178.

Erhält vom 11. I. bis zum 4. II. 1919 täglich per os 5 ccm Hydrochinon 1 proz.
Körpergewicht lebend am 11. I. 1500 g
„ 23. I. 1520 g
„ 28. I. 1350 g
„ 1. II. 1390 g.

Am 25. I. vorübergehender Kollaps nach der Fütterung, der ungefähr 5 Minuten anhält. Eine Viertelstunde darauf vollkommen normales Verhalten. Schnupfen dauert fort.

4. II. Tier wird durch Nackenstich getötet.

Sektionsprotokoll (sofort): Die ganze Rückwand und die große Kurvatur des Magens eingehüllt in eine Kette von Cysten. Im Herzbeutel 2 ccm klare Flüssigkeit. Pleurahöhlen und auch Bauchhöhle frei von Flüssigkeit. Niere, Lunge, Leber o. B.

Aorta: Am Pes anserinus ovale verdünnt erscheinende Konkavität, über der jedoch die Intima spiegelnd glatt erscheint.

Gesamtdosis: 0,95 g = 0,63 g pro kg.

Intravenös. Tabelle V.

Versuchs-Nr.	Tier-Nr.	Anf. Gewicht g	End- Gewicht g	Gesamt-Dosis g	Gesamt-Dosis pro kg g	Höchste Einzel-Dosis pro Injekt. u. kg g	Zahl der Injekt.	Durchschn.-Dosis pro Injekt. und kg g
11	160	1900	1740	0,27	0,142	0,016	9	0,016
	Subcutan.							
12	161	1400	—	0,1	0,072	0,036	2	0,036
[13	173	1200	—	0,21	0,175	0,025	7	0,025
	Per os.							
14	177	1560	1390	0,4	0,27	0,030	8	0,030
15	178	1500	1390	0,95	0,63	0,033	19	0,033

Versuchsergebnisse.

Keines der Hydrochinontiere zeigte sichere Veränderungen der Aorta, keines auch irgendwelche anderen, beim Chinon beobachteten Wirkungen; weder schwere örtliche Erscheinungen noch auch Lungenwirkungen kamen zur Beobachtung, nur in einem Falle eine Enteritis.

Es fragt sich nun, inwieweit dieses Ergebnis zur Stützung meiner Auffassung von der Chinonwirkung herangezogen werden darf. In keinem Falle reichten meine Einzeldosen an die tödlichen Grenzdosen heran, die sich aus der vorausgeschickten Literaturtabelle ergeben. Allerdings ergibt sich aus dem Kaninchenversuch Nr. 161 für subcutane Zufuhr eine wesentlich niedrigere, dem Chinon nähere Grenzdosis. Die bei Kaninchen Nr. 160 dargereichte intravenöse, in 11 maliger Wiederholung gut vertragene Durchschnittsdosis ist dagegen etwas höher als die Chinondosis, die beim Kaninchen Nr. 164 schon nach der 6. Wiederholung zum Spontantode führte. Per os wurden noch höhere Einzelgaben während langer Darreichungsperioden vertragen. Dies alles gibt schließlich trotz der geringen Zahl der Versuche eine gewisse Berechtigung zu dem Schluß, daß das Hydrochinon ungeeigneter zur Erzeugung der Chinonwirkungen, auch der Lungen- und Aortenwirkungen, als das Chinon selbst ist, daß diese Wirkungen daher mit der Oxydationsleistung des Chinons in Zusammenhang gebracht werden dürfen.

5. Methylenblau.

Als zweiten neuen Stoff zur Erweiterung der Reihe zu prüfender Oxydationsmittel wählte ich das Methylenblau. Einerseits reiht es sich in gewissem Sinne als chinoider Körper dem Chinon an. Andererseits sind an seine Farbstoffeigenschaften Hoffnungen für künftige Untersucher unserer Frage zu knüpfen; bestätigt sich seine gleichsinnige oxydative Wirksamkeit, so bietet es vielleicht an Hand seines färbe-

Hydrochinon.   Kaninchen.

Behand-lungsdauer Tage	Versuchs-dauer Tage	Aorta	Besondere Bemerkungen	Lunge	Todesart
11	22	„leicht verdächtig"	nicht geschnitten	. —	getötet
1	1¹/₂	—	—	4 g pro kg	spontan
7	11	—	unseziert gestorben	—	„]
9	10¹/₂	—	—	—	„
24	25	„leicht verdächtig"	nicht geschnitten	—	getötet

rischen Verhaltens eine Handhabe, um den Mechanismus der resorptiven Oxydationsmittelwirkungen mit dem Auge näher zu verfolgen.

Auch für diese Substanz gilt, trotzdem das Methylenblau in der Therapie zu mancherlei Zwecken innerlich verwendet wird, daß noch mancherlei Lücken in der Kenntnis seiner resorptiven, ja sogar seiner lokalen Wirkung auszufüllen sind. Nach Fraenkel kommen ihm Nebenwirkungen zu, zum Teil auf lokaler Reizung des Magendarmkanals, zum Teil auf spastischer Blasenreizung und vermehrtem Harndrang beruhend. Diese Fraenkelschen Angaben gründen sich vor allem auf Beobachtungen am Menschen. So beobachtete schon Althen bei längerem Gebrauch von Tagesdosen von 1,5 g Stuhl- und Harndrang, Harnvermehrung, Brennen im Rachen, Brechneigung und Katarrh der Verdauungswege. Nach dreitägigem Gebrauch von 2,5 g in Einzeldosen von 0,5 g traten hierzu noch Schmerzen in der Nierengegend, in Stirngegend und Hinterhaupt, Muskelzuckungen, Flimmern vor den Augen und Delirien. 0,5 g pro die in Einzeldosen von 0,1 g ließen keine Nebenwirkungen beobachten. Dem entspricht ungefähr die Angabe d'Ambrosios, daß die Einspritzung von 1 g in Tumorgewebe frei von Nebenwirkungen war. Dagegen machten Guttmann und Ehrlich schon nach 0,5 g pro die Beobachtungen über Nebenwirkungen an der Blasenmuskulatur (Harndrang) und der Niere (Harnvermehrung).

Noch deutlichere Hinweise auf eine Ähnlichkeit mit den Chinonwirkungen sind einer leider nicht im Original zugänglichen Dissertation von Tanfilieff zu entnehmen. Er fand nach peroraler Zufuhr Vermehrung der Harnmenge, bei 2—3 wöchiger Darreichung auch andere „pathologische Erscheinungen". Als Folgen der subcutanen Zufuhr beschreibt er Infiltrate, Schorfe, sogar Abscesse. Die tödlichen Dosen sind nur recht ungenau bestimmt. Nach Roosen werden 0,1 g pro kg von Mäusen intravenös noch „schadlos" ertragen, nach Tanfilieff beträgt die tödliche Dosis für Kaninchen bei peroraler Zufuhr 1 g pro kg.

Ich konnte für meine Versuche ein besonders reines, von den Höchster Farbwerken freundlichst überlassenes Präparat verwenden. Es kam stets in 1 proz. Lösung zur Anwendung. Behandelt wurden Kaninchen, Katzen und Meerschweinchen auf subcutanem, peroralem und intravenösem Zuführungsweg. Die Einzelheiten der insgesamt 19 mit Methylenblau angestellten Tierversuche gehen aus den Tabellen VI, VII und VIII sowie aus den angefügten Versuchsbeispielen hervor.

Intravenös. Tabelle VI.

Versuchs-Nr.	Tier-Nr.	Anf.-Gewicht g	End-Gewicht g	Gesamt-Dosis g	Gesamt-Dosis pro kg g	Höchste Einzel-Dosis pro kg g	Zahl der Injekt.	Durchschn.-Dosis pro Injekt. und kg g	Behand-lungs-dauer Tage	Versuchs-dauer Tage
23	150	2100	—	0,16	0,08	0,04	2	0,04	4	4
24	167	1150	—	0,2	0,17	0,08	2	0,08	1	1
25	170	1270	1330	0,56	0,43	0,067	7	0,067	8	10

Subcutan.

26	176	800	—	0,15	0,19	0,13	2	0,095	4	12
27	171	1300	—	0,4	0,31	0,077	4	0,077	7	7
28	168	1150	—	0,8	0,7	0,174	4	0,174	4	5
29	169	900	—	0,5	0,55	0,11	5	0,11	11	12

Per os.

30	179	1520	—	0,2	0,132	0,132	1	0,132	1	1½
31	180	1960	1700	1,7	0,9	0,1	16	0,056	20	21
32	181	1970	1950	2,0	1,0	0,1	20	0,1	24	25

Subcutan. Tabelle VII.

Versuchs-Nr.	Tier-Nr.	Anf.-Gewicht g	End-Gewicht g	Gesamt-Dosis g	Gesamt-Dosis pro kg g	Höchste Einzel-Dosis pro kg g	Zahl der Injekt.	Durchschn.-Dosis pro Injekt. und kg g	Behand-lungs-dauer Tage	Versuchs-dauer Tage
33	120	2500	—	0,2	0,08	0,05	1	0,08	1	1½
34	37	1500	—	0,1	0,07	0,035	2	0,035	2	7

Versuchsbeispiele:

Kaninchen 168.
Gewicht lebend 1150 g, erhält vom 1.—4. XII. täglich 20 ccm 1 proz. Methylenblaulösung subcutan. Keine besonderen Erscheinungen nach den Injektionen.
5. XII. Tier morgens tot im Käfig gefunden.
Sektion: 6. XII. 12,10[h] p. m.
Lunge ungefärbt, Gewicht 9,5 g.
Niere ganz farblos, auch Nierenbecken. Unmittelbar nach dem Aufschneiden fängt das Mark an, sich zu färben.
Bauch- und Rückenhaut von starkem, sulzigem Ödem durchsetzt, das nur

Methylenblau.   Kaninchen.

Aorta	Besondere Bemerkungen	Lunge	Todesart
—	—	8,5 g pro kg	spontan
—	Im Herzbeutel blaue Flüssigkeit.	—	,,
„leicht ver-dächtig"	Nicht geschnitten. Im Herzbeutel reichlich blaugefärbte Flüssigkeit, in der Bauchhöhle in mäßiger Menge.	—	getötet
+	Ovaler subintimaler Herd der Ascendens. Sonst o. B.	—	spontan
„kaum ver-dächtig"	Nicht geschnitten. Brust- und Bauchhaut ödematös. Enteritis.	—	,,
+	Langer multiloculärer Herd der Thoracica mit Einschmelzung. Sulziges Ödem an Bauch- und Rückenhaut, das an alten Injektionsstellen tiefdunkelblaue Farbe aufweist.	8 g pro kg	,,
—	Ödem an Brust- und Bauchhaut. Im Herzbeutel wenig Flüssigkeit, im unteren Bauchraum außerhalb des Peritoneums 4 ccm trübe Flüssigkeit. Enteritis.	3,3 g pro kg	,,
—	Sektion o. B.	—	,,
—	,, ,, ,,	—	,,
—	,, ,, ,,	—	getötet

Methylenblau.   Katze.

Aorta	Besondere Bemerkungen	Lunge	Todesart
+	Kleine Verdickung an der Intimalseite der Descendens. Hautödem an Brust und Bauch.	15 g pro kg	spontan
verdächtig	Nicht geschnitten.	—	,,

an den alten Injektionsstellen tiefblaue Farbe aufweist, im übrigen aber nahezu farblos ist und erst nach dem Ausströmen einen grünlichen Farbton an der Luft annimmt.

Die meisten Eingeweideorgane sind farblos, nehmen aber an der Luft, insbesondere die zuvor nur blaugrüne Blase, einen blauen Farbton an. Ausgenommen ist die Lunge, das Herz, die Leber und die Nierenrinde. Nach einiger Zeit hat der schwachblaue Farbenton im Nierenbecken den des stärksten Blaus erreicht.

Aorta ist unmittelbar nach dem Aufschneiden farblos. Auch da, wo sie am festesten in dem umgebenden Gewebe verankert ist, nämlich am Durchschnitt durch das Zwerchfell, schimmert das blaue Bindegewebe nur sehr schwach durch. Nach einiger Zeit nimmt aber die Aorteninnenfläche gerade genau im Bereiche

Subcutan.

Tabelle VIII.

Versuchs-Nr.	Tier-Nr.	Anf.-Gewicht g	End-Gewicht g	Gesamt-Dosis g	Gesamt-Dosis pro kg g	Höchste Einzel-Dosis pro kg g	Zahl der Injekt.	Durchschn.-Dosis pro Injekt. und kg g	Behandlungsdauer Tage	Versuchsdauer Tage
16	M_6	370	—	0,074	0,2	0,1	2	0,1	2	$2^1/_2$
17	M_2	500	—	0,15	0,3	0,1	3	0,1	5	$5^1/_2$
18	M_4	480	—	0,15	0,3	0,1	3	0,1	3	$3^1/_2$
19	M_1	400	—	0,15	0,38	0,12	3	0,12	3	$3^1/_2$
20	M_5	390	—	0,15	0,38	0,12	3	0,12	3	$3^1/_2$
21	M_7	550	450	0,17	0,3	0,05	6	0,05	14	22
22	M_3	600	480	0,195	0,32	0,075	6	0,054	13	17

dieser Zwerchfellverankerungsstellen einen zunehmend blauen, zuletzt sehr lebhaften Farbenton an, während die übrige Aorta höchstens hauchweise gefärbt wird.

Im oberen Teile der Brustaorta deutlicher ca. 7 mm langer, bis 3 mm breiter Herd, der bei Lupenbetrachtung sich als multiloculär, aus dunklen Kernen mit weißem unregelmäßigen Rand bestehend erweist.

Im Pes anserinus verdächtige Stelle. Aortenbogen überall spiegelnd und glatt.
Katze Nr. 120.
10. XII. 20 ccm Methylenblau 1 proz. subcutan.
11. XII. Tier verhält sich auffallend ruhig im Käfig, frißt nicht.
Sekretion am rechten Auge.
12. XII. Morgens tot im Käfig gefunden.
Sektion: 13. XII., nachm. 4,30.

Das Unterhautzellgewebe an Brust und Bauch ist überall von einem reichlichen sulzigen Ödem durchtränkt; beim Aufschneiden farblos, nimmt es allmählich blaue Farbe an, die freilich an den von der Injektionsstelle entfernteren Punkten nur mäßige Intensität besitzt. Aus dem eröffneten Unterhautzellgewebe rinnt dauernd blaugefärbte Flüssigkeit.

Bauch- und Brustorgane sind beim Eröffnen der Körperhöhlen ungefärbt. Die Lunge ist nicht vorgelagert. Zuerst färbt sich der Darm an einzelnen Stellen an der Luft blau.

Pankreas stark gerötet.

Milz hart und runzelig.

Niere von auffallend scharfer Zeichnung, auch auf dem Durchschnitt ungefärbt.

In den serösen Höhlen keine Flüssigkeit, Hilus und Mediastinalödem nicht ganz deutlich. Lungengewicht 38 g = 15 g pro kg. Lunge ist sehr hart; an einzelnen Stellen blauschwarz marmoriert. Auf dem Durchschnitt nirgends Ödemflüssigkeit abpreßbar, dagegen macht die Lunge einen gleichmäßig hepatisierten Eindruck.

Die Niere ist binnen 5 Minuten im ganzen Markbereich schon blaugefärbt; ebenso, aber schwächer, der Magen und das Netz. Der Darm noch immer nicht gefärbt. Im Herzbeutel mäßige Mengen Flüssigkeit.

Methylenblau. Meerschweinchen.

Aorta	Besondere Bemerkungen	Lunge	Todesart
„verdächtig"	Nicht geschnitten. Ödem der Bauchhaut.	—	spontan
„leicht verdächtig"	Siehe mikroskopische Beschreibung.	—	,,
„verdächtig"	Nicht geschnitten. Ödem an Brust- und Bauchhaut, an Hoden und Ductus deferentes.	—	,,
„verdächtig"	Nicht geschnitten. Ödem an Brust- und Rückenhaut.	—	,,
—	Ödem des Unterhautzellgewebes an Brust und Bauch.	—	,,
„verdächtig"	Nicht geschnitten. Im Herzbeutel ca. 1 ccm klare Flüssigkeit. Abscesse auf dem Rücken.	—	,,
„verdächtig"	Nicht geschnitten. Zwei größere Abscesse auf dem Rücken. Bauchhöhle sehr feucht.	—	,,

Beim Anschneiden der großen Halsgefäße entleert sich flüssiges Blut; auch im Herzen keine deutlichen Gerinnsel.

In der Aorta finden sich dagegen nicht speckhäutige Gerinnsel.

Die zuerst ungefärbte Aorta nimmt einen schwachblauen Farbenton an, der sich jedoch als durchscheinend von dahinterliegenden gefärbten Organen erweist. In der Aorta am Übergang vom Arcus zur Brustaorta großer Defekt, ca. 2 : 7 mm.

Versuchsergebnisse.

Nebenwirkungen, die zunächst als örtliche erscheinen, kamen sowohl beim Meerschweinchen (in 6 von 7 Fällen) als auch beim Kaninchen (in 3 von 4 subcutan behandelten Fällen) und bei der Katze (in 1 von 2 Fällen; der zweite Fall starb erst 5 Tage nach der letzten Spritze) zur Beobachtung.

Abscesse, die beim Chinon die Regel bilden, wurden allerdings nur 2 mal, und zwar nur beim Meerschweinchen, beobachtet; sie heilten unter Schorfbildung in 3—4 Tagen wieder ab.

Um so auffälliger sind die starken Ödemwirkungen. Stets handelte es sich, wie beim Chinon, um ausgedehnte, sulzige Veränderungen, die an Rücken-, Bauch- und Brusthaut auftraten; oft reichten sie bis in die Schenkelbeugen, in vereinzelten Fällen waren auch Hoden und Ductus deferentes befallen. Aber bei näherer Betrachtung fehlte den Ödemen der subcutan behandelten Tiere mehrfach der beim Chinon regelmäßige Zusammenhang mit der Injektionsstelle. Würde nicht das Fehlen der Ödeme bei meinen 3 intravenös behandelten Kaninchen zur Vorsicht mahnen, so wäre man in Versuchung, ohne weiteres eine Allgemeinwirkung des Methylenblaus in ihnen zu sehen. Freilich sind die

3 intravenös behandelten Tiere zum Vergleich nicht besonders geeignet; sie sind sämtlich mit zum Teil wesentlich niedrigeren Dosen, 2 von ihnen zudem nur sehr kurz, behandelt. Die weitere Beschäftigung mit dieser Ödemwirkung des Methylenblaus wird daher immerhin die kürzlich veröffentlichten wichtigen Untersuchungen von Meissner im Auge behalten müssen. Dieser hat als eindeutige Allgemeinwirkung des Phenylendiamins und anderer mehrfach aminosubstituierter Phenyl- und Diphenylkörper ähnliche Ödeme beschrieben. Eine Verwandtschaft des Methylenblaus als eines polyamidierten Polyphenylkörpers mit diesen Stoffen ist nun nicht von der Hand zu weisen.

Im Zusammenhang mit diesem Verdacht einer resorptiven Genese des Ödems muß auch die Polyserositis hervorgehoben werden, die einzelne meiner Tiere, darunter auch intravenös behandelte, zeigten.

Eine Enteritis, die häufig, und zwar ebenfalls auf resorptivem Wege, bei meinen Tieren zustande kam, bildet eine weitere Ähnlichkeit zwischen Chinon- und Methylenblauwirkung.

Merkliche Gewichtsabnahmen, wie nach Chinonbehandlung, wurden weder bei Katzen noch bei Kaninchen beobachtet. Nur die wenigen Meerschweinchen, die längere Zeit gespritzt waren, ließen solche erkennen; verbunden mit schlechter Nahrungsaufnahme, traten bei ihnen Gewichtsstürze um etwa 20% innerhalb zweier Wochen auf.

Die tödliche Dosis liegt, soweit meine Versuche in dieser Richtung Schlüsse erlauben, bedeutend niedriger, als der Angabe von Tanfilieff entspricht. Sie kann für alle Tierarten und Zuführungswege ungefähr der von Roosen für die Maus angegebenen gleichgesetzt werden. Subcutane Darreichung wird scheinbar etwas besser als intravenöse, perorale nicht wesentlich besser vertragen, die Katze scheint etwas empfindlicher zu sein als die beiden anderen Tierarten.

Auf die Färbungserscheinungen nach Darreichung des Methlyenblaus, die in dem ganzen Zusammenhang meiner Untersuchungen nur einen Nebenbefund bilden, sei nur flüchtig eingegangen. Bei der Eröffnung aller frisch behandelten Tiere trat nur an frischen Injektionsstellen die Blaufärbung sofort hervor. Alle anderen Teile, einschließlich der von der Injektionsstelle entlegeneren Ödeme, waren ganz oder nahezu farblos. Doch nahmen auch diese Teile schon innerhalb weniger Minuten nach der Freilegung einen blauen Farbenton an. Eine Ausnahme bildeten von den Eingeweideorganen nur Herz, Lunge und Nierenrinde, das Nierenmark färbte sich deutlich, insbesondere nach dem Nierenbecken zu. Was die Dauer der Farbstoffretention anbelangt, so fehlt zu ihrer genauen Feststellung das nötige Versuchsmaterial. Wir können nur dem Befund des Meerschweinchens M_3, das am 4. Tage nach der letzten Injektion zur Sektion kam, entnehmen, daß nach einem solchen Abstand von 4×24 Stunden kein Farbstoff mehr nachweisbar ist. Alle übrigen Tiere sind, soweit der Zeitabstand zwischen letzter Behandlung und Tod nicht noch größer war, binnen weniger als einem Tage nach der letzten Behandlung zum Tode gekommen und zeigten in diesem Falle sämtlich noch die oben beschriebenen Färbungsanzeichen. Auch auf die Dauer der Farbstoffausscheidung im Harn wurde nicht genügend Aufmerksamkeit verwendet. Nach meinen

Protokollen kann nur angegeben werden, daß der Harn am 3. Tage jedenfalls farbstofffrei ist.

Von den beiden hauptsächlichsten, bei der Sektion zum Ausdruck kommenden Wirkungen bedarf die Lungenveränderung noch näherer histologischer Kontrolle. Auch sie deutet auf die Ähnlichkeit mit dem Chinon hin. Die Lungengewichtsvermehrungen sind wesentlich geringer als nach Chlorträgern und Peroxyden. Immerhin bedeuten die Gewichtsbefunde von 8 bzw. 8,5 g pro kg beim Kaninchen, von 15 g pro kg bei der Katze eine nicht zu vernachlässigende Gewichtszunahme von etwa 100%.

Nach alledem ist auch beim Methylenblau das Hauptgewicht, wie beim Chinon, auf die Aortenveränderung zu legen. Sichere Herde kamen auch beim Kaninchen weder nach intravenöser noch nach peroraler Darreichung zur Beobachtung, doch handelt es sich bei meinen Versuchen auf diesen Zuführungswegen, insbesondere wenn das nur einmal mit der höheren Dosis von 0,13 g pro kg behandelte Tier Nr. 179 beiseite gelassen wird, verglichen mit den subcutan wirksamen Gaben, stets um verhältnismäßig kleine Dosen. Die einzige Ausnahme hiervon bildet Kaninchen Nr. 181, das mit der recht beträchtlichen Dosis von 0,1 g pro kg 20mal vergeblich behandelt wurde. Eine ähnliche Dosis führte bei Kaninchen Nr. 176, subcutan appliziert, schon nach zweimaliger Anwendung zu einem Aortenherd. Der andere, größere, mit Methylenblau am Kaninchen erzielte Herd kam allerdings erst nach viermaliger Darreichung einer wesentlich höheren Gabe (Kaninchen Nr. 168) zustande. Es scheint also kein ganz enger Zusammenhang zwischen der Dosierung, insbesondere nicht zwischen der Häufigkeit der Wiederholung und den Folgeerscheinungen an der Aorta zu bestehen. Die Zahlen der 7. Spalte weisen vielmehr darauf hin, daß die maximale Einzelgabe vielleicht von höherer Bedeutung ist. Auf jeden Fall ist das Zustandekommen der Kaninchenherde nach Methylenblau an sehr hohe, an der Grenze der tödlichen Dosis sich bewegende Gaben geknüpft, die dann keiner besonders häufigen Wiederholung bedürfen und insbesondere nicht durch kleinere, aber wesentlich häufiger wiederholte Gaben ersetzt werden können. Wie aus dem histologischen Teil hervorgeht, entsprechen die beiden Herde in ihrem Bilde durchaus der ihnen zur Entwicklung zu Gebote stehenden Zeit, sie dürfen also anstandslos mit der vorausgegangenen Behandlung in ursächliche Beziehung gebracht werden.

Mit größerer Zurückhaltung sind aus den mehrfach angedeuteten und im histologischen Teile ausführlicher zur Erörterung kommenden Gründen die Aortenerscheinungen bei den beiden anderen Tierarten zu bewerten. Immerhin ist der bei der Katze beobachtete Herd die Folge einer höheren, wenn auch nur einmal applizierten, so doch tödlichen Dosis. Auch zeigt er Ähnlichkeiten mit dem von Müller beschriebenen Aortenherd bei einer chloraminbehandelten Katze.

6. Chloraminwirkung am Kaninchen bei gleichzeitiger Atropinverabreichung.

Die folgenden Versuche gehen von einer dritten Problemstellung meines Themas aus. Wie aus allen früheren Untersuchungen und auch aus meinen eigenen oben berichteten Versuchen hervorgeht, gelingt es trotz aller Ermittlungen über die schnelle Aortenwirksamkeit der Oxydationsmittel nicht, die Aortenschädigungen mit ihnen unter voller Erfolgssicherheit hervorzurufen. Offensichtlich treten lebensgefährliche Nebenwirkungen in Wettbewerb mit dem Angriff an der Aorta. Bei den Superoxyden vereitelt die tödliche Gasembolie nicht selten das Zustandekommen der Aortennekrosen, beim Chloramin sind häufig die Gewebselemente, deren Schädigung zum tödlichen Lungenödem führt, empfindlicher als die Aortenwand. Welche Nebenwirkung bei Chinon und Methylenblau die Sicherheit der Aortenwirkung beeinträchtigt, geht aus meinen Versuchen noch nicht eindeutig hervor. Da aber die Höhe der angewandten Dosis für das Zustandekommen der Aortenherde nicht gleichgültig ist, so ersteht für die Absicht, die Aortenwirkung der Oxydationsmittel durch Versager ungestört zu studieren, die Aufgabe, die Anwendung noch höherer Dosen dadurch zu ermöglichen, daß die tödlichen Nebenwirkungen verhütet werden. Am meisten Aussichten bietet für diesen Zweck das Lungenödem, an dem die mit Chlorträgern behandelten Tiere häufig vorzeitig zugrunde gehen.

Wie frühere Untersucher gezeigt haben, und wie kürzlich Schmidt im hiesigen Institut auf Loewes Veranlassung auch für das Meerschweinchen bestätigen konnte, kann das Atropin bei der Adrenalinbehandlung einem analogen Zwecke dienen. Nach Atropinvorbehandlung ist zur tödlichen Wirkung des Adrenalins eine bedeutend höhere Dosis erforderlich. Freilich läßt sich das auf inhalatorischem Wege mit Reizstoffen erzeugbare Lungenödem durch Atropin nicht wirksam bekämpfen. Bei der Verschiedenheit des von Loewe studierten, von der Blutbahn her erzeugten Lungenödems von diesen örtlichen Inhalationsfolgen schien

Intravenös. Tabelle IX.

Versuchs-Nr.	Tier-Nr.	Anf.-Gewicht g	End-Gewicht g	Gesamt-Dosis g	Gesamt-Dosis pro kg g	Höchste Einzel-Dosis pro kg g	Zahl der Injekt.	Durchschn.-Dosis pro Injekt. und kg g	Behandlungsdauer	Versuchsdauer
42	196	1970	1980	0,16	0,08	0,06	2	0,04	1 Tag	9 Tage
43	197	1920	—	0,25	0,12	0,12	1	0,12	5 Min.	½ Tag

mir aber ein Versuch mit Atropin am Platze. Ich habe Kaninchen $^1/_2$—1 Stunde vor Injektion möglichst hoher Chloramindosen subcutan mit 0,1 g pro kg Atropin vorbehandelt. Das Ergebnis der Versuche geht aus der Tabelle IX hervor.

Versuchsergebnisse.

Das Ergebnis dieser beiden Chloramin-Atropinversuche ist in mehrerlei Hinsicht bemerkenswert. Bereits der grobe Wirkungsverlauf zeigt, daß die in $^1/_2$—1 stündigem Abstand vorausgeschickte dezigrammatische Atropingabe den erwarteten Einfluß ausübt. Der erste der angeführten beiden Versuche führte, auch als die Chloramindarreichung am nächsten Tage unter Wiederholung der prophylaktischen Atropingabe ein zweites Mal vorgenommen wurde, nicht zum Tode oder zu schwererer Erkrankung des Kaninchens. Wie ich den zum größeren Teil noch unveröffentlichten Aufzeichnungen von Herrn Professor Loewe entnehmen darf, findet sich in der Statistik seiner bisher mit Chloramin intravenös behandelten Kaninchen keine auch nur annähernd so hohe Dosis. Dabei sind von den 18 hier in Betracht kommenden Tieren seiner Statistik nicht nur 7 mit Aortenveränderungen zur Sektion gelangt, sondern eine noch größere Zahl ist, was für den Vergleich mit meinen beiden Versuchen vor allem wichtig ist, nach viel kleinerer Dosis unter starkem Lungenödem zugrunde gegangen, soweit zu dessen Ausbildung der Abstand zwischen Einspritzung und Tod Zeit ließ. Bereits aus dem ersten meiner beiden Versuche geht also hervor, daß das tödliche Lungenödem nach intravenöser Injektion von Chloramin (0,02 bzw. 0,06 g pro kg) durch Atropin verhindert werden kann. In dem zweiten Versuch konnte die doppelt so hohe Dosis (0,12 g pro kg) durch die Atropinvorbehandlung ihrer tödlichen Wirkung nicht beraubt werden. Die Vorbehandlung mit Atropin verzögerte aber den Tod um mindestens 1 Stunde (das Tier starb erst in der auf die Einspritzung folgenden Nacht), und trotz dieses langen Zeitraumes trat nur geringe Störung der Atmungsfunktion und nur ein sehr mäßiges Lungenödem (Lungengewichtsvermehrung um etwa 100%) auf. Die antagonistische Wirksamkeit des Atropins erstreckt sich also vorzugsweise auf die Ödem-

Atropin + Chloramin. Kaninchen.

Vorbehandelt mit Atropin	Aorta	Besondere Bemerkungen	Lunge	Todesart
je 0,1 g pro kg	+	Kleiner Herd in der Ascendens.	4 g pro kg	getötet
je 0,1 g pro kg	+	Der ganze Arcus ist in ausgedehnten Herd verwandelt.	8 g pro kg	spontan

wirkung an der Lunge. Wie die Aortenbefunde meiner beiden Tiere zeigen, hebt dagegen das Atropin die Wirksamkeit des Oxydationsmittels an diesem Angriffspunkte nicht auf. Schon bei Kaninchen Nr. 196 fand sich, obwohl es beide Chloramineinspritzungen überstand, ein bereits makroskopisch deutlicher Aortenherd (vgl. S. 30) bei der 8 Tage später vorgenommenen Schlachtung des vollkommen wiederhergestellten, normales Lungengewicht aufweisenden Tieres. Noch augenfälliger zeigt der Aortenbefund des zweiten Tieres die Unwirksamkeit des Atropins gegenüber der Medianekrotisierung durch Chloramin. Es bedingt im Gegenteil, indem es die Auswirkung weit übertödlicher Dosen ermöglicht, eine viel ausgeprägtere Aortenwirkung. Der ganze aufsteigende Aortenast von den Klappen bis zur Abgangsstelle der Anonyma war in ein Konglomerat von ineinanderfließenden Herden verwandelt. Die Einzelheiten (vgl. S. 31) zeigen, daß schon bei der Betrachtung mit bloßem Auge ein zufälliges Zusammentreffen von Aortenveränderung und pharmakologischem Eingriff unwahrscheinlich war; das Aussehen des Herdes ließ alle Anzeichen einer frischen Veränderung erkennen. Zum erstenmal waren bei ihr auch andere Gefäßbereiche ergriffen; kleine Herde erstreckten sich noch etwa 5 mm in die A. anonyma hinein.

7. Mikroskopische Analyse der erzeugten Aortenherde.

Bei der Vielgestaltigkeit der Erscheinungsformen und dem wechselnden Alter der mit den Oxydationsmitteln hervorgerufenen Aortenveränderungen ist ihre histologische Analyse besonders wichtig. Die folgenden Protokolle umfassen das Ergebnis des Materials meiner 49 Tierversuche. Sie enthalten jeweils die makroskopische und mikroskopische Beschreibung der entstandenen Herde. Aus äußeren Gründen ist die Wiedergabe des gesamten histologischen Materials im Mikrophotogramm unmöglich; ich beschränke mich daher darauf, den einzelnen Protokollen ausgesuchte, besonders kennzeichnende Bilder (vgl. Taf. I—III)[1] anzufügen. Die Protokolle sind nach Tierarten geordnet.

Kaninchen Nr. 164. Chinon (intravenös).
5 Injektionen, 0,015 g. Behandlungsdauer 5 Tage. Versuchsdauer 6 Tage.
Makroskopischer Befund: Etwa in der Mitte der Brustaorta finden sich zwei parallele in die Längsachse gestellte ca. $1^1/_2$—2 cm lange bis zu 5 mm breite Stellen, die zunächst das Phänomen benetzten Papieres aufweisen. Bei näherer Betrachtung zeigen sie sich bei gut spiegelnder Intima optisch inhomogener als die Umgebung und mit der Lupe erweisen sie sich als Herde, die aus weißen träubchenförmig ineinanderfließenden feinsten Veränderungen bestehen. Nach mehrtägigem Aufenthalt in Formol bekommen die Herde ein geripptes Aussehen.
Histologischer Befund: Der ganze Schnitt scheint fast ausnahmslos von zwei kaum unterbrochenen Herden eingenommen zu werden, und zwar sowohl der Länge

---

[1] Die Anfertigung der mikrophotographischen Aufnahmen verdanke ich Fräulein G. Albrecht.

des Schnittes wie auch seiner Breite nach. In der Elasticafärbung kommt dieser Herdcharakter nicht sehr deutlich zum Ausdruck, die elastischen Fasern sind nahezu im ganzen Bereiche des Herdes auffallend wenig gewellt, nahe aneinandergelagert und wohl auch verdickt (auch in der Zellfärbung, Taf. I, Abb. 1 erkennbar).

In der Sudanfärbung tritt das Verhalten der Kerne in allen diesen Herdcharakter tragenden Mediabereichen hervor. Da, wo die Zentren der Herde sitzen, sind Kerne überhaupt nicht gefärbt. In mehr randständigen Bezirken der Herde sind die Kerne blasig vergrößert, schwach gefärbt, undeutlich konturiert. Die Muskelfasern in den Kernbezirken der Herde sind gleichmäßig verfettet.

In der van Gieson-Färbung zeigt sich keine abnorme Rotfärbung der Herdbezirke. Von der Intimaseite her finden sich zunächst fast immer ein oder zwei, zuweilen auch drei Faserbreiten mit langgezogenen eng aneinandergereihten, ziemlich gut färbbaren und vielfach noch recht scharfen Kernen. An vielen Stellen allerdings auch dieser Faserbezirke sind die Muskelzellkerne schattenhaft und verschwommen gefärbt. In den darauf folgenden Mediaschichten, und zwar meist bis etwa drei bis vier Faserbreiten von der Adventitia her, sind die Kerne, soweit überhaupt vorhanden, nur blaß färbbar, gekörnt und ohne weitere Differenzierung. In großen Teilen der Herde ist auf den ersten Blick vollkommener Kernschwund zu verzeichnen. Nur seltene streifenförmige Inseln weisen hier noch Kerne auf. Im größten Teile des Herdbereichs ist aber auch bei genauer Betrachtung überhaupt keine Kernandeutung mehr aufzufinden; das ganze Mediagewebe hat hier einen gleichmäßigen färberisch nicht mehr differenzierten langgestreckten und wenig gewellten Fasercharakter (siehe die beiden Abb. 1 und 2 der Taf. I).

Kaninchen Nr. 165. Chinon (subcutan).
10 Injektionen, Behandlungsdauer 10 Tage. Versuchsdauer 12 Tage.
Makroskopischer Befund: Aorta überall spiegelnd, glatt, mit Ausnahme des mittleren Teiles der Brustaorta. Unmittelbar über dem Zwerchfelldurchtritt ist, ebenso wie bei Tier Nr. 164, ein langgestreckter, 1,2 : 4 mm großer weißer Herd, über welchem die Intima scheinbar intakt spiegelt.
Mikroskopischer Befund (siehe Taf. I, Abb. 3J: Der Herd verhält sich im großen und ganzen wie 164; nur nimmt er einen geringeren Bereich der Wandstärke ein. In der Elasticafärbung tritt ebenfalls vor allem die Streckung der elastischen Fasern hervor, dagegen scheinen sie nicht so eng aneinandergedrängt zu sein. Meist liegt der Herd etwas näher an der Intimal- als an der Adventitialseite. Verfettung tritt hier nur spärlich und höchstens als braunroter Hauch hervor. Der Kernschwund ist nicht so ausgedehnt. Die Faserinseln mit mehr oder weniger intakten Kernen sind reichlicher; auch in den am meisten betroffenen Bereichen finden sich vielfach noch Kerntrümmer angedeutet. Entsprechend dem breiteren Abstand der elastischen Membranen zeigen die erhaltenen Kerninseln häufig radiär gestellte Kerne, die sehr eng aneinanderliegen.

Kaninchen Nr. 168. Methylenblau (subcutan).
4 Injektionen, 0,174 g. Behandlungsdauer 4 Tage. Versuchsdauer 5 Tage.
Makroskopischer Befund: Im oberen Teile der Brustaorta deutlicher, ca. 7 mm langer, bis 3 mm breiter Herd, bei Lupenbetrachtung multiloculär, aus dunklen Kernen mit weißem unregelmäßigem Rand bestehend.
Im Pes anserinus verdächtige Stellen. Aortenbogen überall spiegelnd und glatt.
Mikroskopischer Befund: Etwas tiefer unter der Intima als bei 176 — ca. zwei bis drei Faserbreiten unterhalb derselben beginnend — jedoch immer noch im inneren Drittel, liegt in der Brustaorta ein langer multiloculärer Herd. Innenrand des Herdes ist platt, d. h. springt nicht merklich hervor. Im Herd selbst sind die Fasern völlig geschwunden, auch die Zwischensubstanz, die normalerweise zwischen den einzelnen Fibrillen sitzt. Statt dessen findet man hier eine nicht merklich an-

gefärbte feinkörnige glänzende lichtbrechende Substanz. An einzelnen Stellen findet man noch freiliegende Elasticatrümmer von sehr verschiedener Länge, um diese herum, aber auch zum Teil freiliegend, eine hyaline schmutzigere dunklere Masse. An verschiedenen Randstellen weisen die Fasern keine Wellenform mehr auf; an anderen Randbezirken geben sie plötzlich aus normaler Wellenform heraus dem Einschmelzungsbezirk Raum. Die Intima ist über den Herden deutlich verdickt und stellt eine zum Teil etwas schwächer gefärbte knäuelartige ungleichmäßige Elastinmasse dar (vgl. das Übersichtsbild, Taf. I, Abb. 4).

In der Zellfärbung findet man deutliche Intimaverdickung über den Herden. Drei bis vier Zellschichten, in ein durcheinander gewelltes Fasergewebe eingelagert, treten hier zum Teil deutlich über dem rötlich glänzenden Wellensaum der normalen Intima hervor. Darunter, etwa drei Zellkerne tief, anscheinend normales muskuläres Gewebe. Dann beginnen die Herde bis in die Mitte der Muscularis sich zu erstrecken. Am charakteristischsten sind in ihm große gleichmäßig tiefschwarzblaugefärbte, ziemlich glattgerandete, auch bei stärkster Vergrößerung höchstens in gröbere Körner auflösbare Kernbezirke. Um diese herum fällt im gesamten übrigen Bezirk das Fehlen deutlicher Faserstruktur und die Häufigkeit von ungefärbten Gewebslücken auf. Vor allem die nächste Umgebung der dunklen Kernbezirke ist von Kernanhäufungen erfüllt. Alle diese Kerne sind auffallend stark tingibel, von unregelmäßiger Form, nur zuweilen spindelförmig (siehe das vergrößerte Bild der Kernfärbung, Taf. I, Abb. 5).

In der Sudanfärbung ein ähnliches Bild. Nirgends deutliche Verfettung, auch in der gewucherten Intima nicht.

Kaninchen Nr. 176. Methylenblau (subcutan).
2 Injektionen, 0,095 g. 4 Tage Behandlungsdauer, 12 Tage Versuchsdauer.
Makroskopischer Befund: Ovaler Herd auf der Leiste der Klappenansätze im aufsteigenden Ast.
Mikroskopisch: Innenrand ungleichmäßig, prominiert an einigen Stellen, an anderen eingezogen. Herd sitzt in der Muscularis der Ascendens, gleich unter der Intima, zeigt länglich ovale Form. Die elastischen Fasern liegen in ihm teils ungeordnet, teils fehlen sie an kleineren Stellen ganz. Andere entbehren völlig ihrer normalen Wellenform; an wieder anderen Stellen ist diese verdickt oder zusammengedrängt nach dem Rande zu. An einigen Stellen, hauptsächlich an den beiden stark prominierenden, sind die Fasern stellenweise scharf geknickt, halbkreisförmig nach außen angeordnet, wie Eisenfeilspäne beim Magnetversuch. Die kleinen Klümpchen, die im normalen Gewebe nur selten, sehr fein und verhältnismäßig gleichmäßig verteilt zu finden sind, bilden einen wesentlichen Teil der färbbaren Elastinsubstanz im Bereiche der Herde. Sie sind dort größer, klumpiger und scheinen die hier fast vollständig fehlende, gleichmäßigere hauchförmige schwach bläulich färbbare Substanz zu ersetzen, die man in normalen Teilen des Schnittes zwischen den elastischen Fibrillen ausgebreitet findet. Im inneren Randbezirk des Herdes sind die elastischen Fasern ebenfalls gleich unter der Intima verdickt, zeigen hier keine Wellenform (Übersichtsbild siehe Taf. I, Abb. 6).

Die Kerne sind an vielen Stellen der Herde pyknotisch, da, wo die elastischen Fasern lang ausgespannt sind, scheinen die Kerne zwischen ihnen platt gedrückt; an denjenigen Stellen, wo abnorme Knickung und Wellung der Elastica besteht, finden sich die Muskelkerne gehäuft. Die elastischen Fasern scheinen im Bereiche des Herdes vielleicht mit etwas stärker rotem Farbenton färbbar. Intima nirgends deutlich vermehrt.

Kaninchen 196.
Atropin-Chloramin. Intravenös, 2 Injektionen. Behandlungsdauer 1 Tag. Versuchsdauer 9 Tage. Geschlachtet.

Makroskopischer Befund: Aorta überall spiegelnd und glatt. Nur in der Ascendens kleiner, weißer, rundlich ovaler Herd von ca. 2: 1^1/$_2$ mm, der sich bei Lupenbetrachtung als gleichmäßiger sanfter Hügel ohne optische Änderungen des darunter liegenden Gewebes hervorhebt.

Mikroskopischer Befund (Taf. II, Abb. 1): Kleines, etwa 3—4 elastische Fasern unterhalb der Intima liegendes Knötchen, gekennzeichnet durch ziemlich gleichmäßigen Schwund der elastischen Fasern, die durch ein zartes Netzwerk elastinfärbbarer Substanz ersetzt sind. Keine Verfettung. Zellfärbung wenig charakteristisch. Die Muskelkerne an der Stelle des Herdes unregelmäßig gruppiert, weiter auseinanderliegend, vielleicht mitunter etwas blasig. In der van Gieson-Färbung zeigt der Herd gleichfalls keine Besonderheiten, außer daß die bräunlichen Muskelmassen hier spärlicher sind.

Kaninchen Nr. 197.

Atropin-Chloramin. 1 Injektion. Behandlungsdauer 5 Minuten. Versuchsdauer < ^{1}/$_2$ Tag.

Makroskopischer Befund der Aorta: Der ganze Arcus ist in einen großen, nicht verhärteten, weißlich verfärbten Herd verwandelt. Zwischen den einzelnen weißen Erhebungen verschieden große Vertiefungen. In der Thoracica eine ca. 3 cm lange, weiße Aufwulstung, die aus einzelnen kleinen Höckern und Bläschen besteht. Auch neben den großen Gefäßabgängen Beete von gleicher Beschaffenheit; von der Anonyma ausgehend radiär zwei längere Herde. In der Abdominalis (am Abgang der Renales) weißlich- bis braungelbe Verfärbung der inneren Gefäßwand (postmortale Veränderung?), am Pes anserinus Aorta auffallend gefaltet.

Mikroskopisch: Die Elastica zeigt vielfach ohne scharfe Grenze, insbesondere an der Intimalseite straffere, enger aneinanderliegende Fasern (siehe Taf. II, Abb. 2). An einzelnen Stellen ist eine Elasticavermehrung der Intima deutlich.

In der Sudanfärbung treten die Herde außerordentlich viel deutlicher hervor. Man findet sie bei schwacher Vergrößerung hier zum Teil als blaue verwaschene Schlieren, teils als ebensolche rötlichere. Die blauen Schlieren sind durch aufgequollene, fast den ganzen für die Muskelfasern zu Gebote stehenden Raum einnehmende Kerne gekennzeichnet, die rötlicheren durch stärkeren Kernschwund bei hauchförmiger Verfettung. Die Zellfärbung weist entsprechende Veränderung auf. Vielfach sitzt der Herd nahe der Adventitia, zieht sich dann im Bogen nahe an die Intima hin, läuft hier eine Zeitlang entlang und kehrt dann im Bogen mehr oder weniger vollständig nach der Adventitialseite zurück (siehe das Übersichtsbild, Taf. II, Abb. 3). Besonders an den nach der Adventitia zu gelegenen Herdteilen tritt zunächst eine besonders stark gefärbte Reihe von Faserzügen hervor, an der die Kerne offenbar pyknotisch sind. Doch gewinnt man an vielen dieser Stellen den Eindruck, als ob nicht nur Kerne, sondern auch andere Teile der Muskelfasern an der Färbung beteiligt seien. An diese Züge von tiefster Blaufärbung schließen sich dann andere, weniger differenzierte an, in denen die Blaufärbung heller ist und die einen nahezu hyalinen Anblick gewähren (siehe Taf. II, Abb. 4). An einzelnen Stellen gehen diese hyalinen blauen Züge allmählich in rötlich gefärbte, kaum besser differenzierte, ebenfalls so gut wie kernlose Herdbereiche über. Während diese hyalinen kernlosen Bezirke als die Hauptteile des Herdes bezeichnet werden können, schließt sich dann noch ein intimaler Randbezirk an, der durch mehrere scharf begrenzte Faserzüge gekennzeichnet ist. Diese Faserzüge sind zwar ebenfalls stark gefärbt, aber nicht mehr hyalin, sondern von deutlichen, sogar sehr reichlichen und oft pyknotisch hervortretenden Kernen durchsetzt.

In der van Gieson-Färbung tritt der Kernschwund besonders deutlich hervor, auch die rötlichen Einstreuungen, die die Media sonst aufweist, sind in den Herdbereichen geringer, die Färbung eine mehr gelbbraune.

Meerschweinchen Nr. A_4.
Acetylchloraminobenzol percutan: $7 \times {}^1/_2$ Rücken je 3—5 mal.
Behandlungsdauer 8 Tage. Versuchsdauer 9 Tage.

Makroskopischer Befund: Aorta zeigt einen Herd neben der Narbe des Ductus Botalli, einen zweiten Herd im Pes anserinus.

Mikroskopischer Befund: Herd 1 an der Botallischen Narbe stellt eine Auflagerung dar. Sie erweist sich in der Elasticafärbung sehr deutlich als von feineren, weniger gleichmäßig gerichteten zarten Elasticafasern erfüllt. In anderen Färbungen zeigt sie wenig Charakteristisches, höchstens in der van Gieson-Färbung eine gleichmäßigere bräunlichere Verfärbung.

Der zweite Herd in der Bauchaorta ist dadurch gekennzeichnet, daß die in dieser Gegend sehr scharfe doppelkonturierte elastische Intimamembran sich für einen längeren Bereich verdoppelt, so daß in ähnlicher Linienführung wie die einfache Membran in normalen Bereichen hier zwei Bänder, häufig durch 3—4 elastische Fasereinlagerungen getrennt, nebeneinander herlaufen (siehe Taf. III, Abb. 1). An der Übergangsstelle vom einfachen zum doppelten Band sind in der Sudanfärbung kernartige Einlagerungen in der elastischen Membran hervortretend zu finden, die aber aus Haufen von roten Fettgranula bestehen. Im übrigen nirgends Intimaverfettung.

In der Zellfärbung zeigt sich deutlich, daß das adventitial gelegene der beiden Bänder des Herdes wesentlich stärker leuchtet (siehe Taf. III, Abb. 2). Das den Intimasaum bildende ist hier nur schwer auffindbar, so daß der Herd den Eindruck einer Intimavermehrung lumenwärts von der Membrana elastica der Intima erweckt.

Meerschweinchen Nr. C_1 (Chinon).
9 Injektionen 0,024. Behandlungsdauer 10 Tage. Versuchsdauer $12^1/_2$ Tage.
Makroskopischer Befund: Verdächtige, weiß unterlegte Wulstungen der Aorta unterhalb des Anonymaabganges.
Mikroskopisch: Verdickung von ungefähr $^1/_3$ bis $^1/_2$ Wandstärke, die auf der einen Lippe einer wulstförmigen Knickung des Schnittes hervortritt. An dieser Stelle geht die elastische Membran der Intima nur zu einem Teile auf die Oberfläche der Auflagerung über. Im anderen Teile bildet sie deren Basis und splittert sich an der Unterseite dieser Auflagerung allmählich auf. Zwischen dieser Gabel der elastischen Intimamembran liegt die linsenförmige Verdickung, gekennzeichnet durch ein besonders feines, kaum auflösbares Gewirr zarter elastischer Fasern (siehe Taf. III, Abb. 3). In der Zellfärbung keine merklichen Besonderheiten dieser Stelle.

Meerschweinchen Nr. C_3 (Chinon).
8 Injektionen, 0,026 g. Behandlungsdauer 9 Tage. Versuchsdauer 45 Tage.
Makroskopischer Befund: Im Anfang der Abdominalis langgestreckter multipler Herd aus zahlreichen unregelmäßigen Erhebungen bestehend.
Mikroskopischer Befund: Die scharfe Doppelkonturierung der elastischen Intimamembran ist an einer vorgewölbten und verdickten Stelle der Aortenwand aufgehoben. In diesem ziemlich langen Bereich hört auch die gleichmäßige, in großen, eckigen Bögen geführte Wellung der Intimamembran auf (siehe das Übersichtsbild, Taf. III, Abb. 4, sowie die starke Vergrößerung. Taf. III, Abb. 5). Statt dessen ist eine ganz unregelmäßig, kleinwellig gekrümmte unscharf konturierte Elasticaumsäumung vorhanden. Auch in der Media dieses verdickten Teiles zeigt die Elastica unregelmäßigere Struktur mit häufigeren nestartigen Auflockerungen. Die Intimazellen scheinen hier mitunter verfettet. Der ganze Herd scheint etwas kernreicher, doch handelt es sich durchgehend um Spindelkerne. Stärkere Veränderungen des Kernbildes finden sich nicht.

Meerschweinchen Nr. M$_2$ (Methylenblau).
3 Injektionen, 0,1 g. Behandlungsdauer 5 Tage. Versuchsdauer 5$^1/_2$ Tage.
Makroskopischer Befund: Verdächtige Stelle zwischen Klappen und Anonyma.
Mikroskopischer Befund: An einer Stelle scheint die Intimaoberfläche aufgerauht, d. h. sie tritt hier im Schnitt weiter hervor und sieht ganz besonders zackig und zerklüftet aus, auch scheint hier der Intimabelag zu fehlen. Am Rande dieser Vorwölbung macht die Intima einen etwas verdickten und leicht verfetteten Eindruck.

Katze Nr. 120 (Methylenblau).
1 Injektion, 0,08 g. Behandlungsdauer 1 Tag. Versuchsdauer 1$^1/_2$ Tag.
Makroskopischer Befund: In der Aorta, am Übergang vom Arcus zu Descendens großer Defekt ca. 2 : 7 mm.

In der Elasticafärbung tritt das innere Drittel der Media, welches auch an normalen Stellen dieses Aortenteiles von engeren und verschlungeneren Fasern gebildet ist, in Gestalt einer linsenförmigen Verdickung hervor, die in ihrer Mitte etwa die Hälfte der Wandstärke ausmacht. An dieser Stelle, d. h. im Bereiche der linsenförmigen Verdickung, zeigt die Innenfläche eine Reihe von trichterförmigen Einziehungen, an denen die elastischen Fasern bis in ziemliche Tiefe gerade gezogen sind. Diese Trichter weisen meist eine mehr oder weniger starke Intimavermehrung auf; auch sind in der Gegend dieser Trichter in etwa $^1/_4$ Wanddicke tiefe Hohlraumbildungen ganz besonders häufig. Im ganzen Bereich der linsenförmigen Verdickung sind die Zellkerne auffallend kleiner und dichter als in der tieferen Media. An der augenfälligsten der erwähnten Einziehungen tritt in der van Gieson-Färbung eine ganz besondere Vermehrung rotgefärbter Substanz hervor. Das gleiche gilt auch von der Basis der linsenförmigen Auflagerung, und zwar gerade von dem Kernteil ihrer Basis, der neben dieser van Gieson-färbbaren Substanz in allen Schnitten eine besondere scharf hervortretende elastische Membran erkennen läßt.

Ergebnisse der pathologisch-histologischen Untersuchung.

Ehe die Kaninchenherde besprochen werden, sollen die Ergebnisse an den beiden anderen Tierarten kurz erörtert werden. Bei ihrer Bewertung muß vorläufig noch größte Zurückhaltung geübt werden. Denn alle Befunde an Katzen und Meerschweinchen entbehren des breiten Unterbaues an Erfahrung, auf dem die Beurteilung der Kaninchenveränderungen aufbauen kann; über die Häufigkeit spontaner Aortenveränderungen, über deren Merkmale und über die Kennzeichen experimentell erzeugter Herde, ja sogar über die normale Struktur der Aortenwand muß für diese Tierarten erst noch Material gesammelt werden. Denn die vergleichende Anatomie der Aortenwand, deren Kenntnis eigentlich Vorbedingung für Experimentalstudien von der Art der hier angestellten ist, steckt noch in den ersten Anfängen und muß erst Hand in Hand mit den tierexperimentellen Erfahrungen von den Untersuchern selbst geschaffen werden. Immerhin besteht in diesem Punkte augenblicklich ein gewisser Unterschied zwischen den beiden in dieser Arbeit benutzten Tierarten. Für die Katze kann ich mich auf eine Sektionsstatistik von immerhin über 100 Aorten stützen, deren äußerst günstiges Ergebnis jeden experimentell erzeugten Katzenherd besonders beachtenswert macht. Für die Meerschweinchen ist eine derartige Statistik erst im Entstehen begriffen. Die Zahl der im hiesigen Institut sezierten Meerschweinchenaorten beläuft sich auf 44, die normalen und wechselnd behandelten Tieren entstammen, darunter auch vielen mehrfach mit Adrenalin gespritzten Meerschweinchen verschiedensten Lebensalters. Unter ihnen allen stellen die in den vorausgehenden Tabellen verzeichneten Herde die einzigen Aortenveränderungen dar.

Der oben eingehend makroskopisch und mikroskopisch beschriebene Katzenherd, den ich nach Methylenblaubehandlung beobachtete, gewinnt Bedeutung vor allem wegen seiner Ähnlichkeit mit dem zuvor einzigen, von Müller mit Benzoylsuperoxyd an der Katze erzeugten Herde. In beiden Fällen abnorme Beschaffenheit und Anordnung der in der Nähe der Intima belegenen elastischen Fasern der Media, in beiden Fällen trichterförmige Einziehung der Innenwand und stellenweise Verdickung der Intima.

Bei den Meerschweinchen handelt es sich, wie die Abb. 1—5, Taf. III, erkennen lassen, um drei verschiedene Erscheinungsformen der Veränderung. Die augenfälligste Veränderung (Abb. 1 u. 2) hat die wiederholte percutane Anstrichbehandlung mit Acetylchloraminobenzol hervorgerufen. In einem breiten Bereich entspricht der makroskopisch sichtbaren Vorwölbung die Herausbildung einer neuen, intimalwärts belegenen Schicht der Aortenwand, die mehrere Zellschichten Dicke umfaßt und neben zelligen Elementen auch elastische enthält. Ob diese Neubildung als intimale oder Mediaveränderung zu bezeichnen ist, muß offen bleiben, da die in normalen Bereichen einfache elastische Membran der Intima in der Elastinfärbung (Abb. 1) an den Stellen des Herdes gespalten ist und zwischen ihren beiden Blättern das neu gebildete Gewebe einschließt. In der Eosinfärbung (Abb. 2) allerdings tritt von diesen beiden Blättern der M. elastica intimae nur das adventitialwärts belegene als natürliche Fortsetzung der einblättrigen elastischen Intimaplatte normaler Bereiche hervor, so daß hier der Herd einfach als Intimawucherung über dieser Platte erscheint.

Der in Abb. 4 u. 5, Taf. III, wiedergegebene Chinonherd hat mit dem oben beschriebenen Acetylchloraminobenzolherd nur die Verdickung des gesamten Wandquerschnittes und das Fehlen eines elastischen Intimasaumes an der Innenwand gemeinsam. Von einer Auflagerung auf die elastische Intimamembran ist hier nichts zu finden, vielmehr scheint auch in der Eosinfärbung die herdförmig verdickte Stelle nur ihrer elastischen Bedeckung verlustig gegangen zu sein.

Ein weiteres, noch wesentlich verschiedenartigeres Bild bietet der dritte, gleichfalls mit Chinon, und zwar innerhalb ungefähr gleich langer Behandlungs- und Versuchsdauer, nur an einer anderen Stelle der Aorta erzielte Herd dar. Er ähnelt mehr den Katzenherden, indem er hauptsächlich aus einer Auflagerung von zarterem, stärker gewirktem Elasticagewebe zu bestehen scheint (Abb. 3, Taf. III). Der in den Beschreibungen angefügte vierte Meerschweinchenherd ist mit Methylenblau erzeugt. Er ähnelt dem in Abb. 4, Tafel III wiedergegebenen Chinonherd.

Für das Gesamtergebnis meiner Untersuchungen viel ausschlaggebender als diese ersten, in tastenden Vorversuchen gewonnenen Veränderungen an den Aorten anderer Tierarten sind meine Kaninchenherde. Denn sie können überall an das umfangreiche Material der Herde anknüpfen, die mit den eingangs erwähnten Oxydationsmitteln erzeugt wurden. Meine Kaninchenveränderungen gruppieren sich zunächst nach den angewandten Substanzen in je zwei durch intravenöse bzw. subkutane Chinonbehandlung (Nr. 164 und 165), durch subcutane Methylenblaubehandlung (Nr. 176 und 168) und durch intravenöse Chloraminbehandlung bei gleichzeitiger Atropindarreichung (Nr. 196 und 197) hervorgerufene Herde.

Es seien zunächst die beiden Methylenblauherde (Taf. I, Abb. 4, 5 u. 6) vorweggenommen. Sie entsprechen in allen ihren Einzelheiten durchaus den mit Chlorträgern und Superoxyden erzielten Veränderungen. Beide Herde sind durch ihre Lage im intimalen Drittel der Media gekennzeichnet, die beiden wichtigsten Gewebselemente derselben zeigen die Anomalien, welche bei kürzerer Entwicklungszeit auch in den früheren Herden hervortraten. Die Elastica ist teils verschoben und aus ihrer normalen Wellung und Achsenrichtung herausgebracht, teils zerstört, in kleine Fasern aufgesplittert oder auch in ihrer Gesamtmasse verringert. An den muskulären Elementen tritt gleichfalls, besonders in den peripheren Teilen des Herdes, die Richtungsänderung hervor. Die Kerne scheinen durcheinander gewirbelt, um fiktive, im Bild nicht hervortretende Angriffspunkte geschart, die Muskelfasern in ihrer Färbbarkeit mehr oder weniger von den normalen Teilen abweichend. Form- und Färbbarkeitsveränderung der Kerne tritt an diesen Stellen nicht in den Vordergrund, obwohl auch hier blasige, teilweise auch pyknotische Kerne zu finden sind.

An anderen Stellen der Herde treten Lücken im normalen Gewebe hervor, die vielfach den Eindruck einer ödematösen Flüssigkeitsvermehrung erwecken. Eine Vermehrung nicht autochthoner Gewebselemente tritt, wie das bei allen bisher studierten Herden hervorgehoben werden konnte, nicht auf. Als Besonderheit ist nur für den Herd des Tieres Nr. 168 das Auftreten größerer nekrotischer, nicht mehr differenzierbarer Massen im Kern des Herdes zu erörtern. Verglichen mit dem Herd des Kaninchens Nr. 176 stellte er die weitaus tiefgreifendere Veränderung dar. Faßt man die Zahl der Injektionen (4) und die Dosis (je 0,174 g pro kg) ins Auge, so erscheint diese intensivere Schädigung gegenüber dem Tier Nr. 176 verständlich (2 Injektionen, je 0,095 g.) Dagegen hatte der Herd 176 nach der Einwirkung der Noxe eine längere Zeit zur Herausbildung sekundärer Veränderungen (8 Tage) zur Verfügung als dieser stärker eingeschmolzene, in insgesamt höchstens 5 Tagen zustande gekommene Herd 198. Ein solcher Vergleich der Dosierungsverhältnisse · und Entwicklungsfristen muß angestellt werden im Hinblick auf die färberischen Besonderheiten, die der Herd 168 aufweist. Die nekrotischen Massen seines Kernes sind nämlich in den mit Hämatoxylin behandelten Schnitten außerordentlich intensiv blau gefärbt, was ja nach der herkömmlichen Auffassung auf Verkalkung hindeutet. Die Entwicklung solcher Verkalkungen ist auch in dem kurzen Zeitraum von höchstens 5 Tagen keineswegs ausgeschlossen, doch ist ein solches Verhalten auch bei diesen chemisch erzeugten Herden nicht die Regel.

Die beiden Chinonherde (Taf. I, Abb. 1, 2 u. 3) zeigen demgegenüber ein abweichendes Verhalten, das gerade im Hinblick auf die Entwicklungsfristen augenfällig wird. Selbst Nr. 165, dem insgesamt 12 Tage zu Gebote standen, zeigt keine Verkalkung. Ganz besonders tritt aber bei diesen beiden Herden die geringe Beteiligung der Elastica hervor. Die Elastinfärbungen lassen nur eine Langstreckung der elastischen Fasern hervortreten, so daß in ihnen die Herde überhaupt nur schwer erkennbar sind. Die hauptsächlichste Veränderung berifft hier die Muscularis. Schon nach einer Entwicklungszeit von höchstens 6 Tagen ist in ausgedehnten Mittelpartien der Herde **vollkommener Kernschwund** eingetreten. In den Randpartien findet man alle Übergänge von dieser schwersten Form der Kernschädigung bis zur Norm. Auch in der van Gieson-Färbung tritt nur dieser Kernschwund in seinen verschiedenen Stufen hervor, daneben höchstens noch eine geringere Braunfärbung der Muskelfasern in den zentralen Teilen der Herde.

Stellen so die Methylenblau- und die Chinonveränderungen jeweils einen verschiedenen Typus der Aortenschädigung dar, so repräsentieren die beiden Chloraminherde von Kaninchen Nr. 196 und 197 **beide Typen**, beide erzeugt durch die **gleiche Noxe**. Das Bild des kleinen hügelförmigen Herdes, der sich bei Kaninchen Nr. 196 fand (Taf. II, Abb. 1), ähnelt außerordentlich demjenigen der beiden Methylenblauherde. Es stellt einen in der Nähe der Intima belegenen, durch Elasticaverdrängung bzw. -schwund gekennzeichneten Herd dar; zur vollkommenen Übereinstimmung mit dem Herd des Methylenblaukaninchens Nr. 168 fehlten ihm nur die stark färbbaren, kalkverdächtigen Massen im Mittelpunkt des Herdes. Demgegenüber zeigen alle histologisch untersuchten Teile des multiplen Herdes der A. ascendens von Kaninchen Nr. 197 (Taf. II, Abb. 3 u. 4) die weitgehendste Übereinstimmung mit den beiden durch Chinonbehandlung hervorgerufenen Herden.

Zusammenfassung.

In der zusammenfassenden Erörterung der in den einzelnen experimentellen Abschnitten gewonnenen Versuchsergebnisse möchte ich mich hier[1]) nur auf die Hervorhebung der mir am wichtigsten erscheinenden Gesamtergebnisse beschränken. Als das hauptsächlichste Resultat meiner Untersuchungen möchte ich die Erfolge meiner Versuche mit Chinon und Methylenblau ansehen. Prüft man die mit diesen Substanzen erzielten Wirkungen daraufhin, inwieweit sie mit den früher beobachteten resorptiven Wirkungen anderer Oxydationsmittel in Einklang stehen, so darf man in diesen Versuchen in der Tat weitere Bausteine für die Hypothese sehen, daß oxydativ wirkende Mittel einen einheitlichen Typus der resorptiven Wirkung aufweisen. Daß die Befähigung zur Entfaltung eines oxydierenden Einflusses die einzige Gemeinsamkeit zwischen allen den sonst chemisch so verschiedenartigen Substanzen bildet, ist einleuchtend. Dieser chemischen Gemeinsamkeit entspricht nun die pharmakologische insofern, als auch die beiden neu geprüften Stoffe die gleiche Aortenwirksamkeit entfalten und in derselben Weise, wenn auch in geringerem Umfang, Lungenödem hervorzurufen befähigt sind.

Auch über den Angriffspunkt der resorptiven Wirkung geben meine Versuche — und das möchte ich als zweites Ergebnis meiner Untersuchungen betrachten — näheren Aufschluß. Auch ihrerseits stützen sie die Hypothese, daß der primäre Angriff an der Gefäßwand, und zwar an deren muskulären Elementen erfolgt. Dies trifft vor allem für die Aortenwirkungen zu. In meinen Untersuchungen finden sich zum erstenmal neben älteren (Chinon) auch frisch gesetzte Aortenschädigungen (Atropin-Chloramin), in deren histologischem Bild schwerste Schädigung der Muscularis (Kernschwund der Muskelzellen) das hervorstechendste Symptom bildet, während andere Elemente der Aortenwand (Elastica, Intima) entweder gar keine oder offensichtlich nur sekundäre histologische Veränderungen erfahren haben.

Inwieweit mit diesen Befunden einer primären vernichtenden Einwirkung auf die muskulären Mediaelemente der zweite Typus der Aortenveränderung in Einklang zu bringen ist, bei dem die Elastica die eingreifendste histologische Veränderung aufweist, während die Muskelelemente nur unbedeutend betroffen sind, bildet freilich eine weitere Frage, deren Beantwortung durch meine Beobachtungen über den reinen Muscularistypus mancher meiner Aortenveränderungen nicht erleichtert wird. Ich möchte hier nur kurz denjenigen Erklärungsversuch andeuten, der es erlaubt, beide Erscheinungsformen unter einheitlichem Gesichtspunkt dem Verständnis näher zu bringen. Eine solche Erklärung ist

---
[1]) Eine ausführliche Besprechung meiner Versuchsergebnisse wird demnächst im Rahmen der Resultate der ganzen Untersuchungsreihe von Loewe erfolgen.

möglich auf Grund der Annahme, daß entsprechend Fiegers Beobachtungen am überlebenden Gefäßpräparat die Mittel der hier untersuchten Stoffgruppe einerseits eine erregende Wirkung auf muskuläre Gebilde, unter anderen Bedingungen einen mit Erschlaffung einhergehenden schädigenden Einfluß auf das gleiche muskuläre Substrat entfalten können. Sieht man den Muscularistypus der Aortenveränderung als den Ausdruck einer von Erschlaffung begleiteten Zerstörung der glatten Muskeln an, so kann man auf der anderen Seite in den Bildern des Elasticatypus Einzelheiten auffinden, welche darauf hindeuten, daß hier heftige Kontraktionen der weniger eingreifend geschädigten glatten Muskeln bewirkt worden sind, die ihrerseits zu Zerreißungen ihrer Ansatzflächen, der elastischen Gebilde, führen können.

In den Entstehungsmechanismus des Lungenödems, dieser wenig übersichtlichen und durch den Ausdruck: Durchlässigkeitssteigerung keineswegs erschöpfend gekennzeichneten Veränderung, ermöglichen meine Beobachtungen von der antagonistischen Wirksamkeit des Atropins einen gewissen Einblick. Während das Atropin das in meinen Versuchen auf resorptivem Wege erzeugte Lungenödem zu hemmen vermag, ist es gegenüber dem auf inhalatorischem Wege mit Reizstoffen erzeugbaren machtlos. Das deutet darauf hin, daß Elemente, die beim inhalatorischen Lungenödem eine wichtige Rolle spielen und durch Atropin unbeeinflußbar sind, bei den von der Blutbahn her ödemisierenden Primärwirkungen unbeteiligt sind. Es ist naheliegend, hierbei zuerst an sensible Gebilde zu denken. Ihre Nichtbeteiligung am resorptiven Lungenödem, die allerdings durch weitere Versuche noch sicherzustellen wäre, würde Anlaß sein, den primären Angriffspunkt des resorptiven Lungenödems näher an der Blutbahn zu suchen, und so würde man auch durch solche Betrachtungen auf einen Primärangriff an der Gefäßwand selbst verwiesen werden.

Als ein weiteres Ergebnis meiner Versuche sind die Beispiele anzuführen, die sie für die Übertragbarkeit der Erfahrungen an der Kaninchenaorta auf diejenige anderer Tierarten liefern. Alles in allem liefern sie allerdings in dieser Richtung keine grundsätzlich neuen Tatsachen. Bereits nach Loebs Erfahrungen sowie nach Loewes und Müllers Versuchen mit Oxydationsmitteln stand vor allem das eine fest, daß die Erzeugung von Aortenveränderungen bei anderen Tierarten wesentlich schwieriger ist als beim Kaninchen. Erklären läßt sich das zunächst nur daraus, daß die Aorta anderer Tierarten eine zum Teil wesentlich abweichende anatomische Struktur hat. So fällt z. B. bei der Katzenaorta das wesentlich dichtere Gewirr der elastischen Elemente auf, das vielleicht ein gegen Zerreißungsversuche der zu Spasmen erregten Muskeln widerstandsfähigeres Gerüst bildet. Die Meerschweinchenaorta hat außerdem eine ganz besonders stark ausgebildete Membrana elastica interna; erfolgt die Zuführung der Oxydationsmittel nicht durch die Vasa vasorum, so ist ihnen ein Eindringen durch diese dichte Membran in die Media möglicherweise erschwert.

Damit wären Gründe angedeutet für einen quantitativen Wirkungsunterschied zwischen den verschiedenen Tierarten, wobei als Ziel des Oxydationsmittels stets die Muskelfaser der Media angenommen wurde. Nun haben aber bereits die früheren Untersuchungen Loebs gezeigt, daß die Aortenwirkung an anderen Tierarten nicht nur schwieriger hervorzurufen ist, sondern daß sie, wenn sie zustande kommt, auch ein ganz anderes pathologisch-histologisches Bild zur Folge hat. Am deutlichsten wird das beim Hund, an welchem Loeb mit den gleichen Aldehyden I n t i m a veränderungen erzeugen konnte, die nicht den rein sekundären Charakter tragen, wie die Intimawucherungen alter Kaninchenherde nach Adrenalin- (Erb) oder Chloramin- (Loewe) Darreichung, sondern bei denen die Intimaveränderung ähnlich wie bei den arteriosklerotischen Veränderungen des Menschen im Mittelpunkt steht.

Auch für dieses qualitativ andersartige Verhalten anderer Tierarten liefern nun meine Versuche an Katze und Meerschweinchen nur weitere Bestätigungen. Soweit es mir gelang, Herde hervorzurufen, war ihr histologischer Bau wesentlich abweichend von dem der Kaninchenherde nach Anwendung der gleichen Substanzen.

Mit der Frage nach der Wirkung an den anders konstruierten Aorten anderer Tierarten fällt auch diejenige nach der Beeinflußbarkeit anderer Gefäße der gleichen Tierart zusammen. Auch diese haben ja eine andersartige Struktur. Je kleiner das Gefäß, desto weniger elastische Platten und Fasern, desto einseitiger die Muskelwirkung der wirksamen Substanz. Wenn etwa die Muskelschädigung, soweit sie nicht bereits mit einer Elasticaschädigung einhergegangen ist, auch an der Aorta rückbildungsfähig ist (vgl. hierzu die Erörterungen auf S. 16), dann wird verständlich, warum sie an kleineren Gefäßen bisher nicht gefunden worden ist. Sind doch selbst irreversible Muscularisschädigungen zunächst nur am Kernschwund erkennbar, der ihr Auffinden in den kleineren, in Gewebsschnitte eingebetteten Arterien nicht leicht macht. Umgekehrt erklärt sich in diesem Zusammenhang auch, warum beim Menschen die größeren Gefäße leichter verändert gefunden werden; ähneln sie doch sehr der Kaninchenaorta mit ihrem elasticomuskulären Bau.

Die Beobachtung, daß das tödliche Lungenödem durch gleichzeitige Atropinanwendung verhütet und so die Aortenwirkung der Oxydationsmittel durch Verwendung wesentlich höherer Dosen sicherer gestaltet werden kann, liefert als ferneres Ergebnis dieser Untersuchungen eine Methode, um die experimentelle Pathologie der Aortenwand weiterem Studium zuzuführen. Sie eröffnet die Aussicht, mit größerer Regelmäßigkeit als bisher durch einmalige kurze Gifteinwirkung eine Wandschädigung zu setzen und die Zustandsbilder der verschiedenen Entwicklungsalter eines solchen akut entstandenen Herdes sich in beliebigem Umfang und für jede Ausbildungsphase zu verschaffen. Auch jetzt schon sind aus den Untersuchungsreihen Loewes derartige Entwicklungsserien der Aortenveränderung hervorgegangen. Aber sie sind doch nur gelegentlich entstanden, häufig durch verschiedene Oxydationsmittel hervorgerufen, und in bezug auf den Zeitpunkt ihrer Entstehung nicht scharf definiert, weil zur Erhöhung der Sicherheit wiederholte Einspritzungen erforderlich waren.

Schlußsätze.

1. Die Reihe der aortenwirksamen Stoffe (Chlorwasser, Chloramine, Chlorpikrin und andere Chlorträger, Superoxyde) wird durch zwei weitere Substanzen, Chinon und Methylenblau, ergänzt.

2. Ihre Aortenwirkung äußert sich, wie die der übrigen Stoffe, in einer Medianekrose der Kaninchenaorta.

3. Hydrochinon ist im Gegensatz zum Chinon in entsprechenden Gaben unwirksam.

4. Die oxydative Reaktionsfähigkeit der beiden neuen als wirksam befundenen Stoffe stützt zusammen mit der Unwirksamkeit des nicht mehr oxydationsfähigen Umwandlungsproduktes Hydrochinon die Auffassung, daß es sich bei der resorptiven Wirkung dieser ganzen Stoffgruppe um eine Funktion ihrer oxydativen Wirksamkeit handelt.

5. Auch Chinon und Methylenblau erzeugen bei geeignetem Zuführungsweg Lungenödem. Die resorptive Wirkung der Oxydationsmittel setzt sich also aus den beiden Symptomen Lungenödem und Arterionekrose zusammen.

6. Bei den beiden neuen Oxydationsmitteln wird als örtliche Wirkung ausgedehntes Anasarka beobachtet, das bereits auf einen elektiven Angriffspunkt der Oxydationsmittel an der Gefäßwand hindeutet.

7. An anderen Tierarten ist die Erzeugung von Aortenschädigungen durch Oxydationsmittel schwieriger als beim Kaninchen. Die von mir an Katzen und Meerschweinchen hervorgerufenen Herde bestätigen, daß der histologische Bau der Aortenherde auch bei gleicher chemischer Noxe von Tierart zu Tierart wechselt, also von der artverschiedenen Struktur der normalen Aortenwand abhängig ist.

8. Der Zuführungsweg, auf welchem die resorptiven Wirkungen der Oxydationsmittel erzeugbar sind, wechselt je nach der Substanz. Acetylchloraminobenzol ist nach meinen Versuchen auch am Meerschweinchen selbst bei perkutaner Zufuhr aortenwirksam, Chinon und Methylenblau bei intravenöser und subcutaner Anwendung.

9. Beim Kaninchen äußert sich auch die akute Oxydationsmittel-

wirkung an der Aorta in zwei histologischen Erscheinungsformen. Sie führen zur Aufstellung eines Elastica- und eines Muscularistypus. Es wird versucht, beide Arten der Veränderung auf einen Angriff an den muskulären Elementen zurückzuführen.

10. Das tödliche Lungenödem nach innerlicher Anwendung von Oxydationsmitteln (Chloramin) kann durch Atropinvorbehandlung gehemmt werden. Dadurch gelingt es, unter Verwendung übertödlicher Dosen die Aortenwirkung zu größerer Sicherheit zu treiben.

Literaturverzeichnis.

1. Althen, Münch. med. Wochenschr. 1892.
2. d'Ambrosio, Riforma med. 2, Nr. 52. 1893.
3. Brissemoret, Compt. rend. de la Soc. de Biol. **60**, 175. 1906.
4. — und Combes, Ebenda **59**, 483. 1905.
5. Erb, Archiv f. experim. Pathol. u. Pharmakol. **53**, 173. 1905.
6. Fieger, Inaug.-Diss. Göttingen 1918 in: Arb. a. d. pharmakol. Inst. 1918, Göttingen, 1919.
7. Fraenkel, Arzneimittelsynthese. 4. Aufl. Berlin 1919.
8. Gibbs und Hare, Archiv f. Anat. u. Physiol. 1890, S. 344.
9. Henrich, Theorien der organischen Chemie. 3. Aufl. Braunschweig 1918.
10. Heubner, Archiv f. experim. Pathol. u. Pharmakol. **72**, 241. 1913.
11. Jehn und Nägeli, Zeitschr. f. d. ges. experim. Med. **6**, 64. 1918.
12. Guttmann und Ehrlich, Berliner klin. Wochenschr. 1891, S. 953.
13. Josué, Presse méd. 1903.
14. Loeb, Archiv f. experim. Pathol. u. Pharmakol. 1909.
15. — Deutsche med. Wochenschr. 1914.
16. Loewe, Deutsche med. Wochenschr., Vortragsberichte, 1917 u. 1918.
17. Meissner, Archiv f. experim. Path. u. Pharmakol. **84**, 181. 1918.
18. — Ebenda 1919.
19. Müller, Inaug.-Diss. Göttingen 1918, in: Arb. a. d. pharmakol. Inst. l. c. sub 6.
20. Noltemeier, Inaug.-Diss. Göttingen 1918, ebenda.
21. Roosen, Deutsche med. Wochenschr. 1914, S. 481.
22. Schmidt, Inaug.-Diss. Göttingen 1919, diese Zeitschr. **9**, 251. 1919.
23. Schulz, Inaug.-Diss. Rostock 1892.
24. Siebert, Diese Zeitschr. **9**, 123. 1919.
25. Oppenheimer, Die Fermente. 3. Aufl. Bd. 2. Leipzig 1913.
26. Tanfilieff, Inaug.-Diss. Petersburg 1907.

Erklärungen zu den Abbildungen auf Taf. I—III.

Tafel I:

Abb. 1. Herd aus der Brustaorta eines 5 Tage mit Chinon intravenös gespritzten, am 6. Tage verstorbenen Kaninchens (Nr. 164); Hämatoxylin-Eosin-Färbung. Zeigt den totalen Kernschwund in der Mittelzone der Media, daneben auch die abnorme Wellung der elastischen Fasern an den erkrankten Stellen.

Abb. 2. Derselbe Herd (Kan. Nr. 164); van Gieson-Färbung. Randpartie der erkrankten Media. Zeigt den Übergang von der kernlosen Zone zu den Muskelkernen normalen Verhaltens.

Abb. 3. Herd aus der Brustaorta eines 10 Tage mit Chinon subcutan gespritzten, am 12. Tage gestorbenen Kaninchens (Nr. 165); Häm.-Eos.-Färbung. Läßt neben den Veränderungen der elastischen Fasern und dem totalen Kernschwund alle Übergänge von diesem über abnorm gelagerte, zusammengedrängte, pyknotische und verwaschene bis zu normalen Muskelkernen sowie die Kerninseln hervortreten.

Abb. 4. Herd in der Brustaorta eines 4 Tage mit Methylenblau subcutan behandelten, am 5. Tage gestorbenen Kaninchens (Nr. 168); Elasticafärbung, Übersichtsbild.

Abb. 5. Derselbe Herd (Kan. Nr. 168): stärkere Vergrößerung, Häm.-Eos.-Färbung. Zeigt neben dem Inhalt der Herde die Häufung der Muskelkerne in der Umgebung sowie die Intimawucherung.

Abb. 6. Herd in der Aorta ascendens eines 4 Tage mit Methylenblau subcutan behandelten, am 12. Tage getöteten Kaninchens (Nr. 176): Übersichtsbild. Elasticafärbung. Läßt die oberflächliche Lage des Herdes sowie die eigenartige Entstellung der Elasticastruktur erkennen.

Tafel II.

Abb. 1. Herd aus der Aorta ascendens eines 2 Tage nach Atropinvorbehandlung mit mäßigen Chloramindosen gespritzten, am 9. Tage getöteten Kaninchens (Nr. 196): Übersichtsbild, Elasticafärbung.

Abb. 2. Herd aus der Aorta ascendens eines nach Atropinvorbehandlung einmal mit hoher Chloramindosis gespritzten, dann alsbald gestorbenen Kaninchens (N. 197): Elasticafärbung, Übersichtsbild.

Abb. 3. Der gleiche Herd (Kan. Nr. 197); Häm.-Eos.-Färbung, Übersichtsbild.

Abb. 4. Der gleiche Herd (Kan. Nr. 197); vergrößerter Ausschnitt der Häm.-Eos.-Färbung. Neben den verschiedenen Anomalien der Kernfärbung und -anordnung tritt insbesondere eine Einschmelzungspartie der Media hervor.

Tafel III.

Abb. 1. Herd in der Bauchaorta eines 8 Tage mit Acetylchloraminobenzol gesalbten, am 9. Tage gestorbenen Meerschweinchens (A 4); Elasticafärbung. Zeigt die Aufspaltung der Membrana elastica intimae in zwei parallele, durch einige Zellbreiten getrennte Bänder.

Abb. 2. Derselbe Herd (Meerschweinchen A 4); Häm.-Eos.-Färbung. Auch hier tritt ein zweites elastisches Band einige Zellschichten unter der Intimaoberfläche, nur noch deutlicher als die eigentliche M. elast. intim., hervor.

Abb. 3. Herd im Aortenbogen eines 9 Tage mit Chinon subcutan gespritzten, am 10. Tage gestorbenen Meerschweinchens (C 1); Elasticafärbung.

Abb. 4. Herd aus der Bauchaorta eines 8 Tage mit Chinon subcutan gespritzten, am 9. Tage gestorbenen Meerschweinchens (C 3); Häm.-Eos.-Färbung, Übersichtsbild. Rechts, im Bereich des Herdes, sieht man die auch in der Häm.-Eos.-Färbung auf der linken, normalen Seite leuchtend hervortretende Membr. elast. intim. geschwunden.

Abb. 5. Derselbe Herd (Meerschweinchen C 3); stärkere Vergrößerung der Häm.-Eos.-Färbung. An der Stelle des Übergangs von der normalen Aorta in den Herd zeigt sich das ziemlich plötzliche Schwinden der M. elast. intim.

Lebenslauf.

Geboren am 12. Mai 1893 auf Schaaken in Waldeck als Sohn des weiland Domänenpächters und Oberamtmanns Th. Rieder, trat ich nach anfänglich privater Vorbereitung durch den Pfarrer des Nachbarortes Ostern 1907 in die Obertertia des Landesgymnasiums zu Corbach ein und bestand dort Ostern 1912 die Reifeprüfung.

Ich widmete mich dann dem Studium der Medizin, und zwar an den Universitäten Bonn, Würzburg und Göttingen.

November 1914 trat ich bei dem Res.-Inf.-Reg. 251 ein, bei dem ich 23 Monate im Felde stand, davon 10 Monate mit Waffe, den Rest als San.-Vizefeldwebel in der Front. Verwundet wurde ich zweimal und kam im Januar 1917 zu meinem Ersatztruppenteil nach Göttingen. Am 17. März des gleichen Jahres bestand ich dort meine ärztliche Vorprüfung, wurde am 4. Mai 1917 zum Feldunterarzt befördert und zum Res.-Laz. II Göttingen, dann nach schwerer Erkrankung im Juni 1918 wieder ins Feld versetzt — zunächst zum F.-Art.-Batl. II, später zur Div. Ferna 1904 — und zum Feldhilfsarzt befördert.

November 1918 wieder nach Göttingen kommandiert bestand ich am 16. April 1919 vor der dortigen Prüfungskommission das medizinische Staatsexamen.

Additional material from *Beiträge zur Kenntnis der resorptiven Wirkungen der Oxydationsmittel,*
ISBN 978-3-662-42080-5, is available at http://extras.springer.com

MIX
Papier aus verantwortungsvollen Quellen
Paper from responsible sources
FSC® C105338

If you have any concerns about our products,
you can contact us on
ProductSafety@springernature.com

In case Publisher is established outside the EU,
the EU authorized representative is:
**Springer Nature Customer Service Center GmbH
Europaplatz 3, 69115 Heidelberg, Germany**

Printed by Libri Plureos GmbH
in Hamburg, Germany